从零开始学技术—建筑装饰装修工程系列

镶贴工

郭丽峰 主编

中国铁道出版社

2012年·北京

内容提要

本书是按住房和城乡建设部、劳动和社会保障部发布的《职业技能标准》和《职业技能岗位鉴定规范》的内容，结合农民工实际情况，将农民工的理论知识和技能知识编成知识点的形式列出，系统地介绍了镶贴工的常用技能，内容包括普通抹灰施工技术、装饰抹灰工程施工技术、镶贴施工技术、镶贴工程季节性施工及安全措施等。本书技术内容先进、实用性强，文字通俗易懂，语言生动，并辅以大量直观的图表，能满足不同文化层次的技术工人和读者的需要。

本书可作为建筑业农民工职业技能培训教材，也可供建筑工人自学以及高职、中职学生参考使用。

图书在版编目(CIP)数据

镶贴工 / 郭丽峰主编. —北京：中国铁道出版社，2012.6
(从零开始学技术. 建筑装饰装修工程系列)
ISBN 978-7-113-13927-8

Ⅰ. ①镶… Ⅱ. ①郭… Ⅲ. ①工程装修－镶贴－基本知识 Ⅳ. ①TU767

中国版本图书馆 CIP 数据核字(2011)第 238230 号

书　　名：从零开始学技术—建筑装饰装修工程系列
　　　　　镶　贴　工
作　　者：郭丽峰

策划编辑：江新锡　徐　艳
责任编辑：徐　艳　　　电话：010－51873193
封面设计：郑春鹏
责任校对：胡明锋
责任印制：郭向伟

出版发行：中国铁道出版社(100054，北京市西城区右安门西街 8 号)
网　　址：http://www.tdpress.com
印　　刷：北京市燕鑫印刷有限公司
版　　次：2012 年 6 月第 1 版　2012 年 6 月第 1 次印刷
开　　本：850mm×1168mm　1/32　印张：4.5　字数：115 千
书　　号：ISBN 978-7-113-13927-8
定　　价：14.00 元

从零开始学技术丛书
编写委员会

前　言

随着我国经济建设飞速发展，城乡建设规模日益扩大，建筑施工队伍不断增加，建筑工程基层施工人员肩负着重要的施工职责，是他们依据图纸上的建筑线条和数据，一砖一瓦地建成实实在在的建筑空间，他们技术水平的高低，直接关系到工程项目施工的质量和效率，关系到建筑物的经济和社会效益，关系到使用者的生命和财产安全，关系到企业的信誉、前途和发展。

建筑业是吸纳农村劳动力转移就业的主要行业，是农民工的用工主体，也是示范工程的实施主体。按照党中央和国务院的部署，要加大农民工的培训力度。通过开展示范工程，让企业和农民工成为最直接的受益者。

丛书结合原建设部、劳动和社会保障部发布的《职业技能标准》和《职业技能岗位鉴定规范》，以实现全面提高建设领域职工队伍整体素质，加快培养具有熟练操作技能的技术工人，尤其是加快提高建筑业基层施工人员职业技能水平，保证建筑工程质量和安全，促进广大基层施工人员就业为目标，按照国家职业资格等级划分要求，结合农民工实际情况，具体以"职业资格五级（初级工）"、"职业资格四级（中级工）"和"职业资格三级（高级工）"为重点而编写，是专为建筑业基层施工人员"量身订制"的一套培训教材。

同时，本套教材不仅涵盖了先进、成熟、实用的建筑工程施工技术，还包括了现代新材料、新技术、新工艺和环境、职业健康安全、节能环保等方面的知识，力求做到技术内容先进、实用，文字通俗易懂，语言生动，并辅以大量直观的图表，能满足不同文化层次的技术工人和读者的需要。

本丛书在编写上充分考虑了施工人员的知识需求，形象具体地阐述施工的要点及基本方法，以使读者从理论知识和技能知识两方面掌握关键点。全面介绍了施工人员在施工现场所应具备的技术及其操作岗位的基本要求，使刚入行的施工人员与上岗“零距离”接口，尽快入门，尽快地从一个新手转变成为一个技术高手。

从零开始学技术丛书共分三大系列，包括：土建工程、建筑安装工程、建筑装饰装修工程。

土建工程系列包括：

《测量放线工》、《架子工》、《混凝土工》、《钢筋工》、《油漆工》、《砌筑工》、《建筑电工》、《防水工》、《木工》、《抹灰工》、《中小型建筑机械操作工》。

建筑安装工程系列包括：

《电焊工》、《工程电气设备安装调试工》、《管道工》、《安装起重工》、《通风工》。

建筑装饰装修工程系列包括：

《镶贴工》、《装饰装修木工》、《金属工》、《涂裱工》、《幕墙制作工》、《幕墙安装工》。

本丛书编写特点：

(1)丛书内容以读者的理论知识和技能知识为主线，通过将理论知识和技能知识分篇，再将知识点按照【技能要点】的编写手法，读者将能够清楚、明了地掌握所需要的知识点，操作技能有所提高。

(2)以图表形式为主。丛书文字内容尽量以表格形式表现为主，内容简洁、明了，便于读者掌握。书中附有读者应知应会的图形内容。

编者

2012 年 3 月

目　录

第 章 普通抹灰施工技术

第一节 墙面抹灰

【技能要点 1】砖砌体内墙抹灰

1. 工艺流程

浇水湿润、做灰饼、挂线 → 充筋、装档 → 做门窗护角 → 窗台 → 踢脚 → 罩面

2. 操作工艺

(1)浇水湿润、做灰饼、挂线。

1)浇水湿润墙基层的作用是使抹灰层能与基层较好地连接避免空鼓的重要措施，浇水可在做灰饼前进行，亦可在做完灰饼后第二天进行。浇水一定要适度，浇水多容易使抹灰层产生流坠、变形，凝结后造成空鼓；浇水不足，在施工中砂浆干得过快，粘结不牢固，不易修理，进度下降，且消耗操作者体能。

2)做灰饼、挂线的方法是用托线板检查墙面的垂直度和平整度来决定灰饼厚度的。如果是高级抹灰，不仅要依据墙面的垂直度和平整度，还要依据找平来决定灰饼的厚度。

①做灰饼时要在墙两边距阴角 10～20 cm 处，2 m 左右的位置确定高度各做一个大小为 5 cm 见方的灰饼。

②再用托线板挂垂直，依上边两灰饼的出墙厚度，在与上边两灰饼的同一垂线上，距踢脚线上口 3～5 cm 处，各做一个下边的灰饼。要求灰饼表面平整不能倾斜、扭翘，上下两灰饼要在一条垂线上。

托线板简介

托线板可用于抹灰时承托砂浆，也可用于挂垂直。板的中间有标准线，并附有线锤。

③然后在所做好的四个灰饼的外侧，与灰饼中线相平齐的高度各钉一个小钉。在钉上系小线，要求线要离开灰饼面 1 mm，并要拉紧。再依小线做中间若干灰饼。

④中间灰饼的厚度也以距小线 1 mm 为宜。各灰饼的间距可以自定。一般以 1～1.5 m 为宜。上下相对应的灰饼要在同一垂线上。

⑤灰饼的操作如图 1—1 所示。

3)如果墙面较高(3 m 以上)时，要在距顶部 10～20 cm，距两边阴角 10～20 cm 的位置各做一个上边的灰饼，而后上、下两人配合用缺口木挂垂直做下边的灰饼，由于墙身较高，上下两饼间距比较大，可以通过挂竖线的方法在中间适当增加灰饼(如图 1—2 所示)，方法同横向挂线。

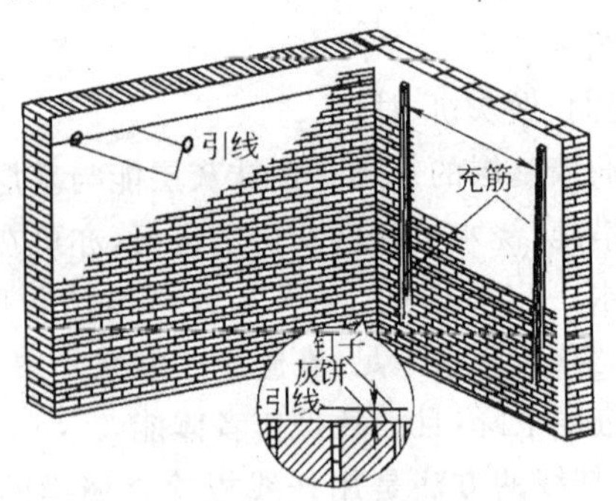

图 1—1 灰饼挂线充筋示意

图 1—2 用缺口木板做灰饼示意

(2)充筋、装档。

手工抹灰一般充竖筋,机械抹灰一般充横筋。以手工抹灰为例,充筋时可用充筋抹子(如图1—3所示),也可以用普通铁抹子。

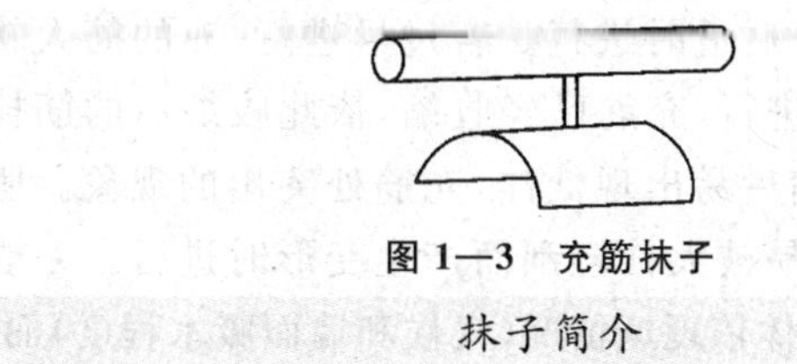

图1—3　充筋抹子

抹子简介

抹灰用的抹子种类很多,常见的抹子有如下几种。

(1)铁抹子。用于抹水刷石、水磨面层及底子灰。

(2)钢皮抹子。形状与铁抹子相同,但比铁抹子薄,弹性好。钢皮抹子用于抹水泥砂浆面层的抹灰压光。

(3)铁皮。用弹性较好的钢皮制成,用于小面积或铁抹子伸不进去的地方抹灰,如门窗框嵌缝。

(4)压子。压子的形状和抹子大体相似,弹性比钢皮抹子还要好。压子用于水泥砂浆面和水泥地面的压光及做装饰花等。

(5)木抹子。用木板做成,它的主要作用是搓平底子灰表面。

(6)塑料抹子。用聚乙烯硬质塑料板做成,它主要用于压光纸筋灰面层。

(7)阴角抹子。分成尖角及小圆角两种,主要用于阴角的压光。

(8)阳角抹子。分成尖角及小圆角两种,用于压光阳角。

(9)圆角阴角抹子。用于水池明沟阴角及穿墙角阴角的压光。

(10)圆角阳角抹子。用于楼梯踏步防滑条的压光。

(11)塑料阴角抹子。用于纸筋灰面层的阴角压光。

(12)捋角器。用于捋水泥抱角的素水泥浆。

(13)小压子(抿子)。用于细部压光。

1)充筋所用砂浆与底子灰相同,以1∶3石灰砂浆为例,具体方法是在上、下两个相对应的灰饼间抹上一条宽10 cm,略高于灰饼的灰梗,用抹子稍压实,而后用大杠紧贴在灰梗上,上右下左或上左下右的错动直到刮至与上下灰饼一平。把灰梗两边用大杠切齐，然后用木抹子竖向搓平。如果刚抹完的灰梗吸水较慢时，要多抹出几条灰梗，待前边抹好的灰梗已吸水后，从前开始向后逐条刮平，搓平。

2)装档可在充筋后适时进行。若过早进行，充的筋太软在刮平时易变形，若过晚进行，充筋已经收缩，依此收缩后的筋抹出的底子灰会使墙面收缩后易出现低洼，充筋处突出的现象。所以要在充筋稍有强度，不易被大杠轻刮而产生变形时进行。一般约为 30 min 左右，但要具体依现场情况(气候和墙面吸水程度)而定。

3)装档要分两遍完成，第一遍薄抹一层，视吸水程度决定抹第二遍的时间。第二遍要抹至与两边充筋一平。

4)抹完后用大杠依两边充筋，从下向上刮平。刮时要依左上→右上→左上→右上的方向抖动大杠。也可以从上向下依左下→右下→左下→右下的方向刮平。

5)如有低洼的缺灰处要及时填补后刮平。待刮至完全与两边筋一平时，稍待用木抹子搓平。在刮大杠时一定要注意所用的力度，只把充筋作为依据，不可把大杠过分用力地向墙里摁，以免刮伤充筋。

6)如果有刮伤充筋的情况，要及时把伤筋填补上，灰浆修理好后方可进行装档。

7)待全部完成后要用托线板和大杠检查垂直、平整度是否在规范允许范围内。

8)如果数据超出验收规范时，要及时修理。要求底子灰表面平整，没有大坑、大包、大砂眼；有细密感、平直感。

(3)护角。

1)抹墙面时，门窗口的阳角处为防止碰撞损坏，要用水泥砂浆做出护角。

方法如下：

①先在门窗口的侧面抹 1∶3 水泥砂浆后，在上面用砂浆反粘八字尺或直接在口侧面反卡八字尺。使外边通过拉线或用大杠靠平的方法与所做的灰饼一平、上下吊垂直。

②然后在靠尺周边抹出一条5 cm宽，厚度依靠尺为据的灰梗。

③用大杠搭在门窗口两边的靠尺上把灰梗刮平，用木抹子搓平。拆除靠尺刮干净，正贴在抹好的灰梗上，用方尺依框的子口定出稳尺的位置，上下吊垂直后，轻敲靠尺使之粘住或用卡子固定。随之在侧面抹好砂浆。

④在抹好砂浆的侧面用方尺找出方正，划摁出方正痕迹，再用小刮尺依方正痕迹刮平、刮直，用木抹子搓平，拆除靠尺，把灰梗的外边割切整齐。

⑤待护角底子六七成干时，用护角抹子在做好的护角底子夹角处捋一道素水泥浆或素水泥略掺小砂子（过窗纱筛）的水泥护角。也可根据需要直接用1∶3水泥砂浆打底，1∶2.5水泥砂浆罩面的压光口角。单抹正面小灰梗时要略高出灰饼2 mm，以备墙面的罩面灰与正面小灰梗一平（如图1—4所示）。

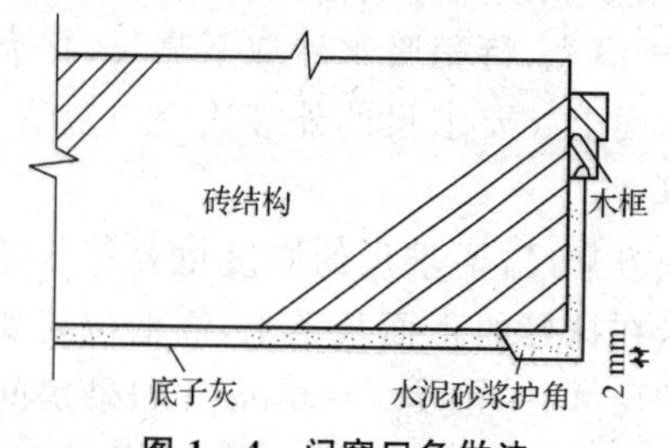

图1—4　门窗口角做法

2)在抹水泥砂浆压光口角（护角）。

①可以在底层水泥砂浆抹完后第二天抹面层1∶2.5水泥砂浆，也可在打底完稍收水后即抹第二遍罩面砂浆。

②在抹罩面灰时，阳角要找方，侧面（膀）与框交接部的阴角，要垂直，要与阳角平行。抹完后用刮尺刮平，用木抹子搓平，用钢抹子溜光。

③如果吸水比较快，要在搓木抹子时适当洒水，边洒水边搓，要搓出灰浆来，稍收水后用钢板抹子压光，用阳角抹子把阳角捋光。

④随手用干刷子把框边残留的砂浆清扫干净。

(4)窗台。

室内窗台的操作往往是结合抹窗口阳角一同施工，也可以在做护角时只打底，而后单独进行面板和出檐的罩面抹灰，但方法相同。具体做法如下：

1)先在台面上铺一层砂浆，然后用抹子基本摊平后，就在这层砂浆上边反粘八字靠尺，使尺外棱与墙上灰饼一平，然后依靠尺在窗台下的正面墙上抹出一条略宽于出檐宽度的灰条。并把灰条用大杠依两边墙上的灰饼刮平，用木抹子搓平，随即取下靠尺贴在刚抹完的灰条上，用方尺依窗框的子口定出靠尺棱的高低，靠尺要水平。

八字靠尺简介

八字靠尺一般在做棱角时用，使用时用钢筋卡子卡紧八字靠尺板，钢筋卡子用直径 6～8 mm 的钢筋制成。

2)确认无误后要粘牢或用卡子卡牢靠尺，随后依靠尺在窗台面上摊铺砂浆，用小刮尺刮平，用木抹子搓平，要求台面横向(室内)要用钢板抹子溜光，待稍吸水后取下靠尺，把靠尺刮干净再次放正在抹好的台面上。要求尺的外棱边突出灰饼，突出的厚度等于出檐要求的厚度。

3)另外取一方靠尺，要求尺的厚度也要等于窗台沿要求的厚度。把方靠尺卡在抹好的正面灰条上，高低位置要比台面低出相当于出沿宽度的尺寸，一般为 5～6 cm。如果房间净空高度比较低，也可以把出沿缩减到 4 cm 宽。台面上的靠尺要用砖压牢，正面的靠尺要用卡子卡稳。这时可在上下尺的缝隙处填抹砂浆。

4)如果砂浆吸水较慢，可以先薄抹一层后，用干水泥粉吸一下水。刮去吸水后的水泥粉，再抹一层后用木抹子搓平，用钢抹子溜光。

5)待吸水后，用小靠尺头比齐，把窗台两边的耳朵上口与窗台面一平切齐，用阴角抹子捋光。取下小靠尺头再换一个方向把耳朵两边出头切齐。一般出头尺寸与沿宽相等，即两边耳朵要呈正方形。

6)最后用阳角抹子把阳角捋光，用小鸭嘴把阳角抹子捋过的印迹压平。表面压光，沿的底边要压光。

7)室内窗台一般用 1∶2 水泥砂浆。

(5)踢脚、墙裙。

1)踢脚、墙裙一般多在墙面底子灰施工后,罩面纸筋灰施工前进行施工。

2)也可以在抹完墙面纸筋灰后进行施工。但这时抹墙面的石灰砂浆要抹到离踢脚、墙裙上口3～5 cm处切直切齐。下部结构上要清理干净,不能留有纸筋灰浆。这样施工比较麻烦,而且影响墙面美观。因为在抹完踢脚、墙裙后要接补留下的踢脚、墙裙上口的纸筋灰接槎,只有在不得已情况下,如为抢工期等才采用该施工方法。

3)常规做法如下。

①根据灰饼厚度,抹高于踢脚或墙裙上口3～5 cm的1∶3水泥砂浆(一般墙面石灰砂浆打底要在踢脚、墙裙上口留3～5 cm,这样恰好与墙面底子灰留槎相接),作底子灰。底子灰要求刮平、刮直、搓平,要与墙面底子灰一平并垂直。

②然后依给定的水平线返至踢脚、墙裙上口位置,用墨斗弹上一周封闭的上口线。再依弹线用纸筋灰略掺水泥的混合纸筋灰浆把专用的5 mm厚塑料板粘在弹线上门,高低以弹线为准,平整用大杠靠平,拉小线检查调整。

③无误后,在塑料板下口与底子灰的阴角处用素水泥浆抹上小八字。这样做既能稳固塑料板,又能使抹完的踢脚、墙裙在拆掉塑料板后上口好修理,修理后上棱角挺直、光滑、美观。在小八字抹完吸水后,随即抹1∶2.5水泥砂浆,厚度与塑料板平齐,竖向要垂直。

④抹完后用大杠刮平,如有缺灰的低洼处要随时补齐后,再用大杠刮平,而后用木抹子搓平,用钢板抹子溜光,如果吸水较快,可在搓平时,边洒水边搓平,如果不吸水则要在抹面时分成两遍抹,抹完第一遍后用干水泥吸水然后刮掉,继续再抹第二遍。在吸水后,面层用手指摁,手印不大时,再次压光。

⑤然后拆掉塑料板,将上口小阳角用靠尺靠住(尺棱边与阳角一平)。用阴角抹子把上口捋光。取掉靠尺后用专用的踢脚、墙裙阳角抹子,把上口边捋光捋直,用抹子把捋角时留下的印迹压光。把相邻两面墙的踢脚、墙裙阴角用阴角抹子捋光。最后通压一遍。

踢脚和墙裙要求立面垂直，表面光滑平整，线角清晰、丰满、平直，出墙厚度均匀一致。

(6)纸筋灰罩面。

1)纸筋灰罩面应在底子灰完成第二天开始进行施工。

2)罩面施工前要把使用的工具，如抹子、压子、灰槽、灰勺、灰车、木阴角、塑料阴角等刷洗干净。

3)要视底子灰颜色决定是否浇水润湿和浇水量的大小。如果需要浇水，可用喷浆泵从上至下通喷一遍，喷浇时注意踢脚、墙裙上门的水泥砂浆、底子灰上不要喷水，这个部位一般不吸水。

4)踢脚、窗台等最好用浸过水的牛皮纸粘盖严密，保持清洁。

5)罩面时应把踢脚、墙裙上口和门、窗口等用水泥砂浆打底的部位，用水灰比小一些的纸筋灰先抹一遍。因为这些部位往往吸水较慢。

6)罩面应分两遍完成。

①第一遍竖抹，要从左上角开始，从左到右依次抹去，直到抹至右边阴角完成。再转入下一步架，依然是从左向右抹，第一遍要薄薄抹一层。用铁抹子、木抹子、塑料抹子均可以。一般要把抹子放陡一些刮抹，厚度不超过 0.5 mm，每相邻两抹子的接槎要刮严。第一遍刮抹完稍吸水后可以抹第二遍。

②在抹第二遍前，最好把相邻两墙的阴角处竖向抹出一抹子纸筋灰。这样做既可以防止相邻墙面底子灰的砂粒进入抹好的纸筋灰面层中，又可以在抹完第一面墙后就能在压光的同时及时把阴角修好。在抹第二遍时要把两边阴角处竖向先抹出一抹子宽后，溜一下光，然后用托线板检查一下，如有问题及时修正好，再从上到下，从左向右横抹中间的面层灰。

7)两层总厚度不超过 2 mm，要求抹得平整，抹纹平直，不要画弧，抹纹要宽，印迹应轻。

8)抹完后用托线板检查垂直度、平整度，如果有突出的小包可以轻轻向一个方向刮平，不要往返刮。有低洼处要及时补上灰，接槎要压平。一般情况下要按“少刮多填”的原则，能不刮的就不刮，尽量采用填补找平，全部修理好后要溜一遍光，再用长木阴角抹子把两边阴角捋直，用塑料阴角抹子溜光。

9)随后，用塑料压子或钢皮压子把捋阴角的印迹压平，把大面通压一遍。过遍要横走抹子，要走出抹子花(即抹纹)，抹了花要平直，不能波动或画弧，最好是通长走(从一边阴角到另一边阴角一抹子走过去)，抹子花要尽量宽，所谓“几寸抹子，几寸印”。

10)最后把踢脚、墙裙等上口保护纸揭掉，把踢脚、墙裙及窗台、口角边用水泥砂浆打底的不易吸水部位修理好。要求大面平整，颜色一致，抹纹平直，线角清晰，最后把阳角及门、窗框上污染的灰浆擦干净。

(7)刮灰浆罩面。

刮灰浆罩面比较薄，可以节约石灰膏。但一般只适用于要求不高的工程上。它是在底层灰浆尚未干，只稍收水时，用素石灰膏刮抹入底层中无厚度或不超过 0.3 mm 厚度的一种刮浆操作。刮灰浆罩面的底子灰一定要用木抹子搓平。刮面层素浆时一定要适时，太早易造成底子灰变形，太晚则素浆勒不进底子灰中也不利于修理和压光。一般以底子灰在抹子抹压下不变形而又能压出灰浆时为宜。面层灰刮抹完后，随即溜一遍光，稍收水后，用钢板抹子压光即可。

(8)石膏灰浆罩面。

石膏的凝结速度比较快，所以在抹石膏浆墙时，一般要在石膏浆内掺入一定量的石灰膏或角胶等，以使其缓凝，利于操作。

石灰膏简介

生石灰与水作用后成为熟石灰(氢氧化钙)。加水少成为石灰粉，加水多成为石灰膏。建筑工地用灰池熟化石灰；在浅池里加水熟化石灰成稀释浆，叫淋灰，将稀浆过滤流入深池(浆池)中沉淀，将表面水排出后即成石灰膏。石膏是一种以硫酸钙为主要成分的气硬性胶凝材料。石膏及其制品具有质轻、吸声、吸湿、阻火、形体饱满、表面平整细腻、装饰性好、容易加工的优点。

建筑石膏(又称熟石膏或半水石膏)是用天然二水石膏(生石膏)、天然无水石膏(硬石膏)或以硫酸钙为主要成分的工业废料(工业度石膏)经锻烧磨细而成的白色粉末。石膏按其用途及锻烧程度不同,分为建筑石膏、模型石膏、高强石膏(包括地板石膏和硬结石膏)。

建筑石膏色白,密度为 2.60～2.75 g/cm³,疏松容重为 800～1 000 kg/m³。在建筑工程中常用的有建筑石膏(粉刷石膏)、模型石膏、地板石膏、高强石膏四种。建筑工程上应用的是建筑石膏,有优等、一等和合格三类。

建筑石膏(粉刷石膏)适用于室内装饰以及隔热、保温、吸声和防火等饰面,但不宜靠近 60℃ 以上高温,因为二水石膏在此温度时将开始脱水分解。

建筑石膏硬化后具有很强的吸湿性,在潮湿环境中,晶体间粘结力削弱,强度显著降低;遇水则晶体溶解而引起破坏;吸水后受冻,会因孔隙中水分结冰而崩裂。所以,建筑石膏的耐水性和耐寒性都比较差,不宜在室外装饰工程中使用。粉刷石膏的分类及性能,参见表 1—1。

表 1—1 粉刷石膏分类及性能

分类		用途	强度(MPa)			初凝时间(min)	保水率(%)		热导率[W/(m·K)]
			$R_{压}$	$R_{折}$	$R_{剪}$		10 min	60 min	
Ⅰ	半水石膏型	面层	3.0	1.5	—	90	>85	>75	0.105 2
		底层	2.8	1.5	—	90	>80	>70	
		保温层	2.5	1.2	—	60	>80	>75	
Ⅱ	无水石膏型	面层	14	6.4	0.5	120	>80	>65	0.113 7
		底层	6.1	3.2	0.3	140	>80	>65	
		保温层	3.0	1.5	0.2	120	>80	>65	
Ⅲ	半水、无水石膏混合型	面层	5.9	1.7	0.3	90	>80	>65	0.108 7
		底层	2.8	1.5	0.2	100	>80	>65	
		保温层	2.5	1.2	—	60	>80	>65	

注:底层均以石膏∶砂为 1∶2 的比例混合料为准。

粉刷石膏的强度不能小于表1—2规定的值。

表1—2　粉刷石膏的强度

产品类别	面层粉刷石膏			底层粉刷石膏			保温层粉刷石膏	
等级	优等品	一等品	合格品	优等品	一等品	合格品	优等品	一等品、合格品
抗折强度(MPa)	3.0	2.2	1.0	2.5	1.5	0.8	1.5	0.6
抗压强度(MPa)	5.0	3.5	2.5	4.0	3.0	2.0	2.5	1.0

因石膏极易受潮变硬，故在运输和储存时不要弄破装袋，储存的仓棚要防潮防雨，堆垛应离地40 cm、离墙30 cm。如石膏颜色变黄，便已受潮，应妥善处理。石膏凝结较快，但可根据施工要求调整其凝结时间，欲加速可掺少量磨细的未经锻烧的石膏，欲缓慢可掺入为水重0.1%～0.2%的胶或亚硫酸盐、酒精废渣、硼砂等。

【技能要点2】砖砌体外墙抹灰

1.工艺流程

浇水湿润 → 做灰饼、挂线 → 充筋、装档 → 镶米厘条 → 罩面

2.操作工艺

(1)浇水湿润。

抹灰前基层表面的尘土、污垢、油渍等都应先清除干净，再洒水进行润湿。一般是在抹灰前一天，用软管、橡胶管或喷壶顺墙自上而下浇水湿润。通常是每天浇两次。

砖墙抹水泥砂浆较之抹石灰砂浆对基层进行浇水湿润的问题更为关键。因为水泥砂浆比石灰砂浆吸水的速度快得多。有经验的技术工人可以依季节、气候、气温及结构的干湿程度等比较准确地估计出浇水量。如果没有把握时，可以把基层浇至基本饱和后，夏季施工时第二天可开始打底；春、秋季施工时要过两天后进行打底。也可以根据浇水后砖墙的颜色来判断浇水的程度是否合适。所谓抹水泥砂浆较难，其实就难在掌握火候(吸水速度)上。

(2)做灰饼、挂线。

1)由于水泥砂浆抹灰往往在室外施工与室内抹灰比较,有跨度大、墙身高的特点。所以在做灰饼时要多采用缺口木板,做上、下两个,两边共四个灰饼。操作时要先抹上灰饼,再抹下灰饼。两边的灰饼做完后,要挂竖线依上下灰饼,做中间若干灰饼。

2)然后再横向挂线做横向的灰饼。每个灰饼均要离线 1 mm,竖向每步架不少于一个,横向以 1～1.5 m 的距离为宜,灰饼大小为 5 cm 见方,要与墙面平行,不可倾斜、扭翘。做灰饼的砂浆材料与底子灰相同,采用 1∶3 水泥砂浆。

(3)充筋、装档操作。

1)充筋、装档可参照石灰砂浆的方法。

2)由于外墙面极大,参与的施工人员多,可以用专人在前充筋,后跟人装档。

3)充筋要有计划,在速度上,要与装档保持相应的距离;在量上,要以每次下班前能完成装档为准,不要做隔夜标筋。控制好充筋与装档的距离时间,一般以标筋尚未收缩,但装档时大杠上去不变形为宜。这样形成一个小流水,比较有节奏,有次序,工作起来轻松。

4)在装档打底过程中遇有门窗口时,可以随抹墙一同打底,也可以把离口角一周 5 cm 及侧面留出来先不抹,派专人以后抹,这样施工比较快。门窗口角的做法可参考前边门窗护角做法。

5)如遇有阳角大角要在另一面反贴八字尺,尺棱边出墙与灰饼一平,靠尺粘贴完要挂垂直,然后依尺抹平,刮平、搓平。做完一面后,翻尺正贴在抹好的一面,做另一面,方法相同。

(4)镶米厘条。

室外抹水泥砂浆一般为了防止因面积过大而不便施工操作和砂浆收缩产生裂缝,为了达到所需要的装饰效果等要求,常采用分格的做法。

1)分格多采用镶米厘条的方法。

2)米厘条的截面尺寸一般由设计而定。

3)粘贴米厘条时要在打底层上依设计分格,弹分格线。分格线要弹在米厘条的一侧,不能居中,一般水平条多弹在米厘条的下口(不粘靠尺的弹在上口),竖直条多弹在米厘条的右边。而且也要和打底子一样,竖向在大墙两边大角拉垂直通线,线与墙底子灰的距离和米厘条的厚度加粘米厘条的灰浆厚度一致。横向在每根米厘条的位置也要依两边大角竖线为准拉横线。

4)粘米厘条时应该在竖条的线外侧、横条的线下依线先用打点法粘一根靠尺作为依托标准,而后再于其一上(侧)粘米厘条,粘米厘条时先在米厘条的背面刮抹一道素水泥浆,而后依线或靠尺把米厘条粘在墙上,然后在米厘条的一侧抹出小八字灰条,等小八字灰条吸水后起掉靠尺把另一面也抹上小八字灰条。

5)镶好的米厘条表面要与线一平。米厘条在使用前要捆在一起浸泡在米条桶内,也可以用大水桶浸泡,浸泡时要用重物把米厘条压在水中泡透。泡米厘条的目的是,米厘条干燥后会因水分蒸发而产生收缩,这样易取出;另外,米厘条刨直后容易产生变形影响使用,而浸泡透的米厘条比较柔软,没有弹性,可以很容易调直,并且米厘条浸湿后,在抹面时,米厘条边的砂浆能修压出较尖直的棱角,取出米厘条后,分格缝的棱角比较清晰美观。

6)粘贴米厘条可以分隔夜和不隔夜两种。不隔夜条抹小八字灰时,八字的坡度可以放缓一些,一般为45°。隔夜条的小八字灰抹时要放得稍陡一些,一般为60°(如图1—5所示)。

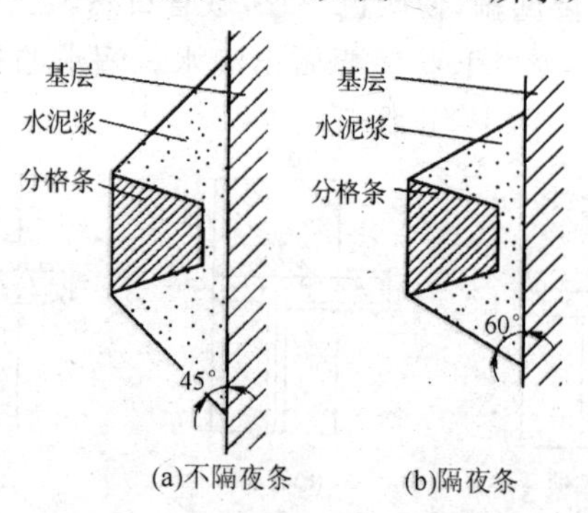

图1—5　镶米厘条打灰的角度示意

(5)罩面。

大面的米厘条粘贴完成后,可以抹面层灰,面层灰要从最上一步架的左边大角开始。

1)大角处可在另一面抹1∶2.5水泥砂浆,反粘八字尺,使靠尺的外边棱与粘好的米厘条一平。

2)在抹面层灰时,有时为了与底层粘结牢固,可以在抹面前,在底子灰上刮一道素水泥粘结层,紧跟抹面层1∶2.5水泥砂浆罩面,抹面层时要依分格块逐块进行,抹完一块后,用大杠依米厘条或靠尺刮平,用木抹子搓平,用钢板抹子压光。

3)待收水后再次压光,压光时要把米厘条上的砂浆刮干净,使之能清楚地看到米厘条的棱角。

4)压光后可以及时取出米厘条。方法是用鸭嘴尖扎入米厘条中间,向两边轻轻晃动,在米厘条和砂浆产生缝隙时轻轻提出,把分格缝内用溜子溜平、溜光,把棱角处轻轻压一下。

5)米厘条也可以隔日取出,特别是隔夜条不可马上取出,要隔日再取。这样比较保险而且也比较好取。因为米厘条干燥收缩后,与砂浆产生缝隙,这时只要用刨锛或抹子根轻轻敲振后即可自行跳出。

6)室外墙面有时为了颜色一致,在最后一次压光后,可以用刷子蘸水或用干净的干刷子按一个方向在墙面上直扫一遍。要一刷子挨一刷子,不要漏刷,使颜色一致,微有石感。

7)室外的门窗口上脸底要做出滴水。滴水的形式有鹰嘴、滴水线和滴水槽(如图1—6所示)。

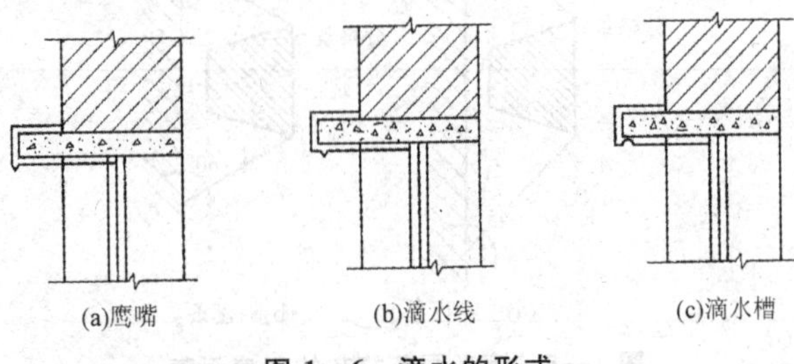

图1—6 滴水的形式

①鹰嘴是在抹好的上脸底部趁砂浆未终凝时，在上脸阳角的正面正贴八字尺，使尺外边棱比阳角低 8 mm，卡牢靠尺后，用小圆角阴角抹子，把 1∶2 水泥砂浆（砂过 3 mm 筛）填抹在靠尺和上脸底的交角处，捋抹时要填抹密实，捋光。取下尺后修理正面，使之形成弯弧的鹰嘴形滴水。

②滴水线是在抹好的上脸底部距阳角 3～4 cm 处划一道与墙面的平行线。接线卡上一根短靠尺在线里侧，然后用护角抹子，把 1∶2 水泥细砂子灰，按着靠尺捋抹出一道突出底面半圆形灰柱的滴水线。

③而滴水槽是在抹上脸底前，在底部底子灰，距阳角 3～4 cm 处粘一根米厘条，而后再抹灰。等取出米厘条后形成一道凹槽称为滴水槽。

8)在抹室内（如工业厂房之类）较大的墙面时，由于没有米厘条的控制，平整度、垂直度不易掌握时，可以在打好底的底子灰阴角处竖向挂出垂直线，线离底子灰的距离要比面层砂浆多1 mm。这时可依线在每步架上都用碎瓷砖片抹灰浆做一个饼，做完两边竖直方向后，改横线，做中间横向的饼。

9)抹面层灰时，可以依这些小饼直接抹也可以先充筋再抹。在抹完刮平后可挖出小瓷砖饼，填上砂浆一同压光。

10)由于墙面比较大，有时一天完不成，需要留槎，槎不要留在与脚手板一平处，因为这个部位不便操作且容易出问题，要留在脚手板偏上或偏下的位置。而且槎口处横向要刮平、切直，这样比较好接。接槎时应在留槎上刷一道素水泥浆，随后先抹出一抹子宽砂浆，用木抹子把接口处搓平，接槎要严密、平整。然后，用钢板抹子压光后再抹下边的砂浆。

【技能要点 3】混凝土墙抹灰

1. 工艺流程

基层处理 → 喷水润湿 → 吊直、套方、找规矩、贴灰饼、冲筋 → 抹底层砂浆 → 弹线分格、嵌分格条 → 抹面层砂浆、起分格条

→抹滴水线(槽)→养护

2.操作工艺

(1)基层处理。

混凝土墙面一般外表比较光滑,且带模板隔离剂,容易造成基层与抹灰层脱鼓,产生空裂现象,所以要做基层处理。

1)在抹灰前要对基层上所残留的隔离剂、油毡、纸片等进行清除。油毡、纸片等要用铲刀铲除掉,对隔离剂要用10%的火碱水清刷,用清水冲洗干净。

2)对墙面突出的部位要用錾子剔平。

3)过于低洼处要在涂刷界面剂后,用1∶3水泥砂浆填齐补平。

4)对比较光滑的表面,应用刨锛、剁斧等进行凿毛,凿完毛的基层要用钢丝刷子把粉尘刷干净。

(2)浇水湿润。

抹灰前,要浇水湿润,一般要提前一天进行浇水湿润时最好使用喷浆泵。

(3)抹结合层。

抹结合层第二天进行。

1)结合层可采用15%~20%水质量的水泥108胶浆,稠度为7~9度。也可以用10%~15%水质量的乳液,拌和成水泥乳液聚合物灰浆,稠度为7~9度。

2)用小笤帚头蘸灰浆,在垂直于墙面方向甩粘在墙上,厚度控制在3 mm,也可以在灰浆中略掺细砂。

3)甩浆要有力、均匀,不能漏甩,如有漏甩处要及时补上。

4)结合层的另一种做法是不用甩浆法,而是前边有人用抹子薄薄刮抹一道灰浆,后边紧跟用1∶3水泥砂浆刮抹一层3~4 mm厚的铁板糙。

5)结合层做完后,第二天浇水养护。养护要充分,室内采用封闭门窗喷水法,室外要有专人养护,特别是夏季,结合层不得出现发白现象,养护不少于48 h。

6)待结合层有一定强度后方可进行找平。

(4)其他工序。

其他工序参照砌体墙抹灰的做法。

做灰饼、充筋、装档、刮平、搓平,而后在上边划痕以利粘结。抹面层前也要养护,并在抹面层砂浆前先刮一道素水泥。粘结层后紧跟再抹面层砂浆。

【技能要点4】加气混凝土墙面抹灰

1.工艺流程

清扫基层 → 浇水湿润 → 修补勾缝 → 刮糙 → 罩面 → 修理、压光

2.操作工艺

(1)加气板、砖抹灰前要把基层的粉尘清扫干净。

(2)由于加气板、砖吸水速度比红砖慢,所以可采用两次浇水的方法,即第一次浇水后,隔半天至一天,浇第二遍。一般要达到吃水10 mm左右。

(3)把缺棱掉角比较大的部位和板缝用1∶0.5∶4的水泥石灰混合砂浆补、勾平。

(4)待修补砂浆六七成干时,用掺加20%水质量的108胶水涂刷一遍,也可在胶水中掺加一部分水泥。紧跟刮糙,刮糙厚度一般为5 mm,抹刮时抹子要放陡一些。刮糙的配比要视面层用料而定。如果是水泥砂浆面层,刮糙用1∶3水泥砂浆,略加石灰膏,或用石灰水搅拌水泥砂浆。如果是混合灰面层,刮糙用1∶1∶6混合砂浆,而石灰砂浆或纸筋灰面层时,刮糙可用1∶3石灰砂浆略掺水泥。

(5)在刮糙六七成干时可进行中层找平,中层找平的做灰饼、充筋、装档、刮平等程序和方法可参照前文的有关部分。采用的配合比应分别为水泥砂浆面层的中层用1∶3水泥砂浆;混合砂浆面层的中层用1∶1∶6或1∶3∶9混合砂浆;石灰砂浆面层和纸筋灰面层的中层找平为1∶3石灰砂浆。

(6)待中层灰六七成干时可进行面层抹灰。水泥砂浆面层采用1∶2.5水泥砂浆;混合砂浆面层采用1∶3∶9或1∶0.5∶4混合砂浆;石灰砂浆面层采用1∶2.5石灰砂浆。

第二节　顶棚抹灰

【技能要点1】现浇混凝土楼板顶棚抹灰

1.施工准备

(1)基层检查。

检查其基体有无裂缝或其他缺陷,表面有无油污、不洁或附着杂物(塞模板缝的纸、油毡及钢丝、钉头等),如为预制混凝土板,则检查其灌缝砂浆是否密实。

检查暗埋电线接线盒或其他一些设施安装件是否已安装并保护完善。如均无问题,即应在基体表面满刷水灰比为0.37～0.40的纯水泥浆一道。如基体表面光滑(模板采用胶合板或钢模板并涂刷脱模剂者,混凝土表面均比较光滑),应涂刷"界面处理剂"、凿毛或甩聚合物水泥砂浆(参考质量配合比为白乳胶∶水泥∶水＝1∶5∶1)形成一个一个小疙瘩等进行处理,以增加抹灰层与基体的黏结强度,防止抹灰层剥落、空鼓现象发生。

需要强调的是石灰膏应提前熟化,并经细筛网过滤,未经熟化的石灰膏不得使用;纸筋应提前除去尘土、泡透、捣烂,按比例掺入石灰膏中使用,罩面灰浆用的纸筋宜机碾磨细后使用;麻刀(丝)要求坚韧、干燥、不含杂质,剪成20～30 mm长并敲打松散,按比例掺入石灰膏中使用。

纸筋、麻刀简介

1.纸筋

纸筋(草纸),在淋灰时,先将纸撕碎,除去尘土后泡在清水桶内浸透,然后按每100 kg石灰膏内掺入2.75 kg的比例倒入淋灰池内。使用时用小钢磨搅拌打细,再用3 mm孔径筛过滤成纸筋灰。

2. 麻刀

麻刀为白麻丝，以均匀、坚韧、干燥、不含杂质、洁净为好。一般要求长度为 2～3 cm，随用随打松散，每 100 kg 石灰膏中掺入1 kg麻刀，经搅拌均匀，即成为麻刀灰。

(2)作业条件。

1)在墙面和梁侧面弹上标高基准墨线，连续梁底应设通长墨线。

2)根据室内高度和抹灰现场的具体情况，提前搭好操作用的脚手架，脚手架板面距顶板底高度适中(约为 1.8 m 左右)。

3)将混凝土顶板底表面凸出部分凿平，对蜂窝、麻面、露筋、漏振等处应凿到实处，用 1∶2 水泥砂浆分层抹平，把外露钢筋头和铅丝头等清除掉。

4)抹灰前一天浇水湿润基体。

2. 工艺流程

基层处理→弹水平基准线→润湿基层→刷水泥浆→抹底层砂浆→抹纸筋灰面层。

3. 操作工艺

(1)基层处理。对采用钢模板施工的板底凿毛，并用钢丝刷满刷一遍，再浇水湿润。

(2)弹线。视设计要求的抹灰档次及抹灰面积大小等情况，在墙柱面顶弹出抹灰层控制线。小面积普通抹灰顶棚一般用目测控制其抹灰面平整度及阴阳角顺直即可。大面积高级抹灰顶棚则应找规矩、找水平、做灰饼及冲筋等。

根据墙柱上弹出的标高基准墨线，用粉线在顶板下 100 mm 的四周墙面上弹出一条水平线，作为顶板抹灰的水平控制线。对于面积较大的楼盖顶或质量要求较高的顶棚，宜通线设置灰饼。

(3)抹底灰。抹灰前应对混凝土基体提前洒(喷)水润湿，抹时应一次用力抹灰到位，并初平，不宜翻来覆去扰动，否则会引起掉灰，待稍干后再用搓板刮尺等刮平，最后一遍需压光，阴阳角应用角模拉顺直。

在顶板混凝土湿润的情况下，先刷素水泥浆一道，随刷随打底，打底采用1∶1∶6水泥混合砂浆。对顶板凹度较大的部位，先大致找平并压实，待其干后，再抹大面底层灰，其厚度每遍不宜超过8 mm。操作时需用力抹压。然后用压尺刮抹顺平，再用木磨板磨平，要求平整稍毛，不必光滑，但不得过于粗糙，不许有凹陷深痕。

抹面层灰时可在中层灰六七成干时进行，预制板抹灰时必须朝板缝方向垂直进行，抹水泥类灰浆后需注意洒(喷)水养护(石灰类灰浆自然养护)。

(4)抹罩面灰。待底灰约六七成干时，即可抹面层纸筋灰。如停歇时间长，底层过分干燥则应用水润湿。涂抹时先分两遍抹平，压实，其厚度不应大于2 mm。

待面层稍干，"收身"时(即经过铁抹子压抹灰浆表层不会变为糊状时)要及时压光，不得有匙痕、气泡、接缝不平等现象。天花板与墙边或梁边相关的阴角应成一条水平直线，梁端与墙面，梁边相交处应垂直。

【技能要点2】灰板条吊顶抹灰

(1)施工工序。板条吊顶顶棚抹灰施工工序：清理基层→弹水平线→抹底层灰→抹中层灰→抹面层灰。

(2)施工准备。

1)在正式抹灰之前，首先检查钢木骨架，要求必须符合设计要求。

2)然后再检查板条顶棚，如有以下缺陷者，必须进行修理。

①吊杆螺母松动或吊杆伸出板条底面后。

②板缝应为7～10 mm，接头缝应为3～5 mm，缝隙过大或过小。

③灰板条厚度不够，过薄或过软。

④少钉导致不牢，有松动现象。

⑤板条没有按规定错开接缝。

以上缺陷经修理后检查合格者，方可开始抹灰。

(3)施工要点。

1)清理基层。将基层表面的浮灰等杂物清理干净。

2)弹水平线。在顶棚靠墙的四周墙面上，弹出水平线，作为抹灰厚度的标志。

3)抹底层灰。抹底灰时,应顺着板条方向,从顶棚墙角由前向后抹,用铁抹子刮上麻刀石灰浆或纸筋石灰浆,用力来回压抹,将底灰挤入板条缝隙中,使转角结合牢固,厚度约 3～6 mm。

4)抹中层灰。

①待底灰约七成干,用铁抹子轻敲有整体声时,即可抹中层灰。

②用铁抹子横着灰板条方向涂抹,然后用软刮尺横着板条方向找平。

5)抹面层灰。

①待中层灰七成干后,用钢抹子顺着板条方向罩面,再用软刮尺找平,最后用钢板抹子压光。

②为了防止抹灰裂缝和起壳,所用石灰砂浆不宜掺水泥,抹灰层不宜过厚,总厚度应控制在 15 mm 以内。

③抹灰层在凝固前,要注意成品保护。如为屋架下吊顶的,不得有人进顶棚内走动;如为钢筋混凝土楼板下吊顶的,上层楼面禁止锤击或振动,不得渗水,以保证抹灰质量。

【技能要点 3】混凝土顶棚抹灰

(1)抹底层灰。

宜采用 1∶0.5∶1 水泥石灰膏砂浆或 1∶2∶4 水泥纸筋灰砂浆。其他操作方法同混凝土顶棚抹水泥砂浆。

(2)抹中层灰。

底层灰抹完后,紧跟着抹 1∶3∶9 水泥混合砂浆,如底灰吸水较快应及时洒水。先抹顶棚四周,圈边找平,再抹大面,灰层厚度为 7～9 mm。抹完后,用刮尺刮平,木抹子搓平。

(3)现浇混凝土顶板抹白灰砂浆。面层用纸筋灰罩面,其做法是待中层灰六至七成干,即用手按,不软但有指印时,就可抹罩面灰,如中层灰过干时,应洒水润湿后再抹。罩面灰的厚度应控制在 2 mm左右,分两遍抹成。第一遍越薄越好,接着抹第二遍,抹子要稍平,第二遍与第一遍压的方向互相垂直。待罩面灰稍干再用塑料抹子或压子顺抹纹压实压光。

【技能要点 4】钢板网顶棚抹灰

1. 材料

(1)水泥。采用 32.5 级及以上普通硅酸盐或矿渣硅酸盐水泥。

(2)中砂。

(3)石灰膏。

水泥、砂、石灰膏简介

1. 水泥

(1)抹灰用水泥。

水泥是一种典型的水硬性胶结材料,在抹灰工程施工中被广泛运用,作用巨大。在抹灰工程中,最常用的水泥有一般水泥和装饰水泥两种。

在抹灰工程中,常用的是硅酸盐水泥、普通硅酸盐水泥(简称普通水泥)、矿渣硅酸盐水泥、火山灰质硅酸盐水泥(简称火山灰水泥)和粉煤灰硅酸盐水泥(简称粉煤灰水泥)。

水泥加入适量的水调成水泥净浆后,经过一定时间,会逐渐变稠,失去塑性,称为初凝。开始具有强度时,称为终凝。凝结后强度继续增长,称为硬化。凝结时间,即指水泥净浆逐渐失去塑性的时间。凝结(包括初凝与终凝)与硬化总称为硬化过程。水泥的硬化过程,就是水泥颗粒与水作用的过程。水泥的凝结时间对混凝土及砂浆的施工具有重要意义。凝结过快,混凝土和砂浆会很快失去流动性,以致无法浇筑和操作;反之,若凝结过于缓慢,则会影响施工进度。因此按规定,水泥初凝不得早于 45 min,终凝不得迟于 12 h。国产水泥,初凝一般为 1~3 h,终凝一般为 5~8 h。

水泥强度等级的数值与水泥 28 d 抗压强度指标的最低值相同,硅酸盐水泥分为 3 个强度等级 6 个类型,即 42.5、42.5R、52.5、52.5R、62.5、62.5R。其他水泥也分为 3 个等级 6 个类型,即 32.5、32.5R、42.5、42.5R、52.5、52.5R。

(2)装饰水泥。

装饰水泥有白色硅酸盐水泥和彩色硅酸盐水泥两种。

1)白色硅酸盐水泥。凡以适当成分的生料烧至部分熔融，所得以硅酸钙为主要成分及含少量铁质的熟料，加入适量的石膏，磨成细粉，制成的白色水硬性胶结材料，称为白色硅酸盐水泥，简称白水泥。

白水泥是一种人为限制氧化铁含量而使其具有白色使用特性的硅酸盐水泥。它与硅酸盐水泥的主要区别在于，氧化铁的含量比较少，在0.35%～0.4%以下，白色水泥有各种不同的级别及强度，初凝时间不得早于45 min，终凝时间不得迟于12 h。白水泥的等级见表1—3。

表1—3　白水泥的等级

等级	级别	白度(%)	强度等级
优等品	特级	≥86	62.5、52.5
一等品	一级	≥84	52.5、42.5
	二级	≥80	52.5、42.5
合格品	二级	≥80	32.5
	三级	≥75	42.5、32.5

白水泥在使用中应注意保持工具的清洁，以免影响白度。在运输保管期间，不同强度等级、不同白度的水泥须分别存运，不得混杂，不得受潮。

2)彩色硅酸盐水泥(简称彩色水泥)。按其生产方法分成两类。一类为白水泥熟料加适量石膏和碱性颜料共同磨细而制得。以这种方法生产彩色水泥时，要求所用颜料不溶于水，分散性好，耐碱性强，具有一定的抗大气稳定性能，且掺入水泥中不会显著降低水泥的强度。通常情况下，多使用以氧化物为基础的各色颜料。另一类硅酸盐水泥，是在白水泥生料中加入少量金属氧化物，直接烧成彩色水泥熟料，然后再加入适量石膏细磨而成。彩色水泥常用的颜料见表1—4。

白色及彩色水泥主要用于建筑物的内外表面装饰，可制作成具有一定艺术效果的各种水磨石、水刷石及人造大理石，用以装饰地面、楼板、楼梯、墙面、柱子等。此外还可制成各色混凝土、彩色砂浆及各种装饰部件。

表 1—4　彩色水泥常用的颜料

颜色	品种及成分
白	氧化钛(TiO_2)
红	合成氧化铁,铁丹(Fe_2O_3)
黄	合成氧化铁($Fe_2O_3 \cdot H_2O$)
绿	氧化铬(Cr_2O_3)
青	群青|$2(Al_2Na_2Si_3O_{10}) \cdot NaSO_4$|,钴青($CoO \cdot nAl_2O_3$)
紫	钴|$Co_3(PO_4)_2$|,紫氧化铁(Fe_2O_3 的高温烧成物)
黑	炭黑(C),合成氧化铁($Fe_2O_3 \cdot FeO$)

2. 砂

砂子是岩石风化后形成的。按产地可分为河砂、海砂和山砂。按平均粒径可分粗砂、中砂、细砂和特细砂。

粗砂:平均粒径不小于 0.5 mm。

中砂:平均粒径为 0.35~0.5 mm。

细砂:平均粒径为 0.25~0.35 mm。

特细砂:平均粒径为 0.25 mm。

抹灰用砂一般是中砂或粗砂与中砂的混合砂。由于地区的局限性,细砂也可使用。特细砂(粉砂、面砂)用作抹灰时因粘结力较差,还容易产生局部裂缝,因此不宜使用。在抹灰砂浆中砂子起骨料作用。天然砂子中含有一定数量的黏土、泥块、灰尘和杂物,当其含量过大时,会影响砂浆的质量,因此要求砂于中的含泥量不得超过 3%。含泥量较高的砂子,在使用前必须用清水冲洗干净,砂在使用前需过筛。

砂中有害杂质的含量应符合表 1—5 的要求。砂子的坚固性应符合表1—6的要求。

用于滑模施工水泥混凝土路面的机制砂、沉积砂和山砂通过 0.15 mm 筛的石粉含量不大于 1%,并应在混凝土和易性、单位用水量、弯拉强度和抗磨性等检验合格的前提下使用。

表 1—5 砂中杂质的最大含量

项目 \ 质量标准	混凝土强度等级	
	≥C30	<C30
含泥量(冲洗法)(以质量计)(%)	≤3.0	≤5.0
其中泥块含量(以质量计)(%)	≤1.0	≤2.0
云母含量(以质量计)(%)	<2.0	
轻物质含量(以质量计)(%)	<1.0	
硫化物及硫酸盐含量(折算成 SO_3,以质量计)(%)	<1.0	
有机物含量(用比色法试验)	颜色不应深于标准色,如深于标准色,则应进行水泥胶砂强度对	

注:1. 对有抗冻、抗渗或其他特殊要求的混凝土用砂,总含泥量应不大于 3%,其中泥块含量应不大于 1.0%,云母含量不应超过 1%。

2. 对有机物含量进行复核时,用原状砂配制的水泥砂浆抗压强度不低于用水洗除有机物的砂所配制砂浆的 95%时为合格。

3. 砂中如含有颗粒状的硫酸盐或硫化物,则要进行混凝土耐久性试验,满足要求时方能使用。

4. 砂中如含有颗粒状的硫酸盐或硫化物,则要进行混凝土耐久性试验,满足要求时方能使用。

表 1—6 砂的坚固性指标

混凝土所处的环境条件	循环后的质量损失(%)
在寒冷地区室外使用,并经常处于潮湿或干湿交替状态下的混凝土	≤8
其他条件下使用的混凝土	≤12

注:1. 寒冷地区是指最冷月的月平均温度为 0～−10 ℃且平均温度不大于 5 ℃不超过 145 d 的地区。

2. 当同一产源的砂,在类似的气候条件下使用已有可靠经验时,可不作坚固性检验。

3. 对于有抗疲劳、耐磨、抗冲击要求的混凝土用砂,或有腐蚀介质作用或经常处于水位变化区的地下结构混凝土用砂,其循环后的质量损失率应小于 8%。

3. 石灰膏

生石灰与水作用后成为熟石灰(氢氧化钙)。加水少成为石灰粉,加水多成为石灰膏。建筑工地用灰池熟化石灰;在浅池里加水熟化石灰成稀释浆,叫淋灰,将稀浆过滤流入深池(浆池)中沉淀,将表面水排出后即成石灰膏。

(4)纸筋。

(5)麻刀、均匀、坚韧、干燥,不含杂质。使用时将麻丝剪成2~3 cm长,随用随敲打松散。

(6)麻根束。长度约为350~450 mm。

2.作业条件

(1)必须先检查水、电、管、灯饰等安装工作是否竣工。

(2)结构基体是否有足够刚度;当有动荷载时结构基体是否颤动(民用建筑最简单检验方法是多人同时在结构上集中跳动),如有颤动,易使抹灰层开裂或剥落,宜进行结构加固或采用其他顶棚装饰形式。

(3)钢丝网,整体平整,适当起拱,并拉平、拉紧、钉牢,钢板网接缝设在顶棚阁栅上并相互搭接3~5 cm,需经检查合格。

(4)四周墙面已弹好标高基准墨线。

(5)抹灰用的脚手架已经搭好。

3.工艺流程

基层处理→挂吊麻根束(一般抹灰可免)→抹压第一遍灰→抹第二遍灰→抹罩面灰。

4.操作工艺

(1)挂吊麻根束(一般小型或普通装修的工程不需此工序)。

对于大面积厅堂或高级装修的工程,由于其抹灰厚度增加,需在抹灰前在钢板网上挂吊麻根束,做法是先将小束麻根按纵横间距30~40 cm绑在网眼下,两端纤维垂直向下,以便在打底的三遍砂浆抹灰过程中,梳理呈放射状,分两遍均匀抹埋进底层砂浆内。

(2)抹底层灰。

首先将基体表面清扫干净并湿润，然后用 1∶1∶6 水泥麻根灰砂抹压第一遍灰，厚度约 3 mm，应将砂浆压入网眼内，形成转脚达到结合牢固。随即抹第二遍灰，厚度约为 5 mm（均匀抹埋第一次长麻根），待第二遍灰约六七成干时，再抹第三遍找平层灰（完成均匀抹埋第二次长麻根），厚度约 3～5 mm，要求刮平压实。

(3)抹底层灰。

1)底层灰用麻刀灰砂浆，麻刀灰∶砂的体积比为 1∶2。

2)用铁抹子将麻刀灰砂浆压入金属网眼内，形成转角。

3)底层灰第一遍厚度 4～6 mm，将每个麻束的 1/3 分成燕尾形，均匀粘嵌入砂浆内。

4)在第一遍底层灰凝结而尚未完全收水时，拉线贴灰饼，灰饼的间距 800 mm。

5)用同样方法刮抹第二遍，厚度同第一遍，再将麻丝的 1/3 粘在砂浆上。

6)用同样方法抹第三遍底层灰，将剩余的麻丝均匀地粘在砂浆上。

7)底层抹灰分三遍成活，总厚度控制在 15 mm 左右。

(4)抹中层灰。

1)抹中层灰用 1∶2 麻刀灰浆。

2)在底层灰已经凝结而尚未完全收水时，拉线贴灰饼，按灰饼用木抹子抹平，其厚度 4～6 mm。

(5)抹面层灰。待找平层有六七成干时，用纸筋灰抹罩面层，厚度约 2 mm，用灰匙抹平压光。

1)在中层灰干燥后，用沥浆灰或者细纸筋灰罩面，厚度 2～3 mm，用钢板抹子溜光，平整洁净；也可用石膏罩面，在石膏浆中掺入石灰浆后，一般控制在 15～20 min 内凝固。

2)涂抹时，分两遍连续操作，最后用钢板抹子溜光，各层总厚度控制在 2.0～2.5 cm。

3)金属网吊顶顶棚抹灰，为了防止裂缝、起壳等缺陷，在砂浆中不宜掺水泥。如果想掺水泥时，掺量应经试验后慎重确定。

第三节 地面抹灰

【技能要点1】水泥砂浆地面抹灰

1.工艺流程

基层清理→浇水湿润→弹水平线→洒水扫浆→做灰饼→充筋→装档刮平→分层压光→养护

2.操作工艺

(1)基层清理、浇水。

水泥砂浆地面依垫层不同可以分为混凝土垫层和焦渣垫层的水泥砂浆抹灰。在混凝土垫层上抹水泥砂浆地面时，抹灰前要把基层上残留的污物用铲刀等剔除掉。必要时要用钢丝刷子刷一遍，用笤帚扫干净，提前一两天浇水湿润基层。如果有误差较大的低洼部位，要在润湿后用 1∶3 水泥砂浆填补平齐。用木抹子搓平。

(2)弹线。

抹灰开始前要在四周墙上依给定的标高线，返至地坪标高位置，在踢脚线上弹一圈水平控制线，来作为地面找平的依据。

(3)洒水扫浆。

抹地面应采用 1∶2 水泥砂浆，砂子应以粗砂为好，含泥量不大于 3%。水泥最好使用强度等级为 42.5 级的普通水泥，也可用矿渣水泥。砂浆的稠度应控制在 4 度以内。在大面抹灰前应先在基层上洒水扫浆。方法是先在基层上洒干水泥粉后，再洒上水，用笤帚扫均匀。干水泥用量以 1 kg/m^2 为宜，洒水量以全部润湿地面，但不积水，扫过的灰浆有粘稠感为准。扫浆的面积要有计划，以每次下班(包括中午)前能抹完为准。

(4)做灰饼。

1)抹灰时如果房间不太大，用大杠可以横向搭通者，要依四周墙上的弹线为据，在房间的四周先抹出一圈灰条作标筋。抹好后用大杠刮平，用木抹子稍加拍实后搓平，用钢板抹子溜一下光。而后从里向外依标筋的高度，摊铺砂浆，摊铺的高度要比四周的筋稍高3～5 mm，再用木抹子拍实，用大杠刮平，用木抹子搓平，用钢抹子溜光。

依此方法从里向外依次退抹，每次后退留下的脚印要及时用抹子翻起，搅和几下，随后再依前法刮平、搓平、溜光。

2)如果房间较大时，要依四周墙上弹线，拉上小线，依线做灰饼。做灰饼的小线要拉紧，不能有垂度，如果线太长时中间要设挑线。做灰饼时要先作纵向(或横向)房间两边的，两行灰饼间距以大杠能搭及为准。然后以两边的灰饼再做横向的(或纵向)灰饼。

灰饼的上面要与地平面平行，不能倾斜、扭曲。做饼也可以借助于水准仪或透明水管。做好的灰饼均应在线下1 mm，各饼应在同一水平面上，厚度应控制在2 cm。

(5)充筋。

灰饼做完后可以充筋。充筋长度方向与抹地面后退方向平行。相邻两筋距离以1.2～1.5 mm为宜(在做灰饼时控制好)。做好的筋面应平整，不能倾斜、扭曲，要完全符合灰饼。各条筋面应在同一水平线。

(6)装档刮平。

然后在两条筋中间从前向后摊铺灰浆。灰浆经摊平、拍实、刮平、搓平后，用钢板抹子溜一遍。这样从里向外直到退出门口，待全部抹完后，表面的水已经下去时，再铺木板，上去从里到外边检查(有必要时再刮平一遍)边用木抹子搓平，钢板抹子压光。这一遍要把灰浆充分揉出，使表面无砂眼，抹纹要平直，不要画弧，抹纹要轻。

(7)分层压光。

待到抹灰层完全收水，(终凝前)抹子上的纹路不明显时，进行第三遍压光。各遍压光要及时、适时，压光过早起不到每遍压光应起到的作用。压光过晚时，抹压比较费力，而且破坏其凝结硬化过程的规律，对强度有影响。压光后地面的四周踢脚上要清洁，地面无砂眼，颜色均匀，抹纹轻而平直，表面洁净光滑。

24 h后浇水养护，养护最好要铺锯末或草袋等覆盖物。养护期内不可缺水，要保持潮湿，最好封闭门窗，保持一定的空气湿度。养护期不少于五昼夜，7 d后方可上人，但要穿软底鞋，并不可搬运重物和堆放铁管等硬物。

【技能要点2】环氧树脂自流平地面抹灰

1.工艺流程

清理地面 → 滚(刮)涂底漆 → 刮环氧腻子 → 打磨 → 涂面漆 → 面漆的打磨 → 涂刷环氧罩光漆

2.操作工艺

(1)清理地面。

将地面上的尘土、脏物等清理干净，并用吸尘器进一步清理干净。

(2)滚(刮)涂底漆。

用纯棉辊子，从里边阴角依次均匀滚涂直至门口，也可以用刮板依次刮涂。

(3)刮环氧腻子。

当底漆涂刷后20 h以上时可以进行下一道环氧腻子的刮涂。刮涂环氧腻子是将环氧底漆与石英粉搅拌成糊状，用刮板刮在底漆上，刮时每道要刮平，刮板纹要越浅越好，视底层平整度及工程的要求一般要刮2～3道，每道间隔时间视干燥程度而定，一般干至上人能不留脚印即可。

(4)打磨。

环氧腻子刮完后要用砂纸进行打磨，可分道打磨。若每道腻子刮得都比较平整，可以只在最后一道时打磨。分道打磨时要在每道磨完后用潮布把粉尘清洁干净。

(5)涂面漆。

当完成底层腻子的打磨、清理晾干后即可以进行面漆的涂饰。面漆是将环氧底漆与环氧色漆按1∶1的比例搅拌均匀后滚涂两遍以上，每遍间要有充分的干燥时间。完成最后一道后，要间隔

28 h 以上再进行下一道的打磨。

(6)面漆的打磨。

换用 200 目的细砂纸对面漆进行打磨。打磨一定要到位，借助光线检查，要无缕光，星光越少越好。然后用潮布擦抹干净(为提高清理速度，并防止潮布中的水分过多的进入面漆，擦抹前可先用吸尘器吸一下打磨的粉末)，晾干。

(7)涂刷环氧罩光漆。

面漆晾干后可进行地面罩光漆的施工。方法是用甲组分物料涂刷两遍。第二天即干燥，但要等到自然养护 7 d 以上才能达到强度。

(8)要求成品表面洁净、色泽一致、光亮美观。表面平整度用 2 m 靠尺、楔形塞尺检查，尺与墙面空隙不超过 2 mm。

【技能要点 3】楼梯踏步抹灰

1. 工艺流程

基层清理 → 弹线找规矩 → 打底子 → 罩面

2. 操作工艺

(1)楼梯踏步抹灰前，应对基层进行清理。

对残留的灰浆进行剔除，面层过于光滑的应进行凿毛，并用钢丝刷子清刷一遍，洒水湿润。并且要用小线依梯段踏步最上和最下两步的阳角为准拉直，检查每步踏步是否在同一条斜线上，如果有过低的要事先用 1∶3 水泥砂浆或豆石混凝土，在涂刷黏结层后补齐，如果有个别高的要剔平。

(2)在踏步两边的梯帮上弹出一道与梯段平行，高于各步阳角 1.2 cm的打底控制斜线，再依打底控制斜线为据，向上平移1.2 cm 弹出踏步罩面厚度控制线，两道斜线要平行。

(3)打底子。

1)打底时，在湿润过的基层上先刮一道素水泥或掺加 15% 水质量的水泥 108 胶浆，紧跟用 1∶3 水泥砂浆打底。方法是先把踏面抹上一层 6 mm 厚的砂浆或先只把近阳角处 7～8 cm 处的踏面至阳角边抹上 6 mm 厚的一条砂浆。然后用八字尺反贴在踏面的阳角处粘牢,或用砖块压牢,用 1∶3 水泥砂浆依靠尺打出踢面底子灰。

2)如果踢面的结构是垂直的,打底也要垂直。如果原结构是倾斜的,每段踏步上若干踢面要按一个相同的倾斜度涂抹。抹好后,用短靠尺刮平、刮直,用木抹子搓平。然后取掉靠尺,刮干净后,正贴在抹好的踢面阳角处,高低与梯帮上所弹的控制线一平并粘牢,而后依尺把踏面抹平,用小靠尺刮平,用木抹子搓平。

3)要求踏面要水平,阳角两端要与梯帮上的控制线一平。如上方法依次下退抹第二步、第三步,直至全部完成。为了与面层较好的粘结,有时可以在搓平后的底子灰上划纹。

(4)罩面。

打完底子后,可在第二天开始罩面,如果工期允许,可以在底子灰抹后用喷浆泵喷水养护两三天后罩面更佳。

1)罩面采用 1∶2 水泥砂浆。抹面的方法基本与打底相同。只是在用木抹子搓平后要用钢板抹子溜光。

2)抹完三步后,要进行修理,方法是从第一步开始,先用抹子把表面揉压一遍,要求揉出灰浆,把砂眼全部填平,如果压光的过程中有过干的现象时可以边洒水边压光;如果表面或局部有过湿易变形的部位时,可用干水泥或 1∶1 干水泥砂了拌和物吸下水,刮去吸过水的灰浆后再压光。

3)压过光后,用阳角抹子把阳角捋直、捋光。再用阴角抹子把踏面与踢面的相交阴角和踏面、踢面与梯帮相交的阴角捋直、捋光。而后用抹子把捋过阴角和阳角所留下的印迹压平,再把表面通压一遍交活。

4)依此法再进行下边三步的抹压、修理,直至全部完成。

(5)如果设计要求踏步出檐时,应在踏面抹完后,把踢面上粘贴的八字尺取掉,刮干净后,正贴在踏面的阳角处,使靠尺棱突出抹好的踢面 5 mm,另外取一根 5 mm 厚的塑料板(踢脚线专用板),在踢面离上口阳角的距离等于设计出檐宽度的位置粘牢。然后在塑料板上口和阳角粘贴的靠尺中间凹槽处，用罩面灰抹平压光。拆掉上部靠尺和下部塑料板后将阴、阳角用阴、阳角抹子捋直、捋光，立面通压一遍交活。

(6)设防滑条。

1)如果设计要求踏步带防滑条时，打底后在踏面离阳角2～4 cm处粘一道米厘条，米厘条长度应每边距踏步帮3 cm左右，米厘条的厚度应与罩面层厚度一致(并包括粘条灰浆厚度)，在抹罩面灰时，与米厘条一平。待罩面灰完成后隔一天或在表面压光时起掉米厘条。

2)另一种方法是在抹完踏面砂浆后，在防滑条的位置铺上刻槽靠尺(如图1—7所示)，用划缝溜子(如图1—8所示)，把凹槽中的砂浆挖出。

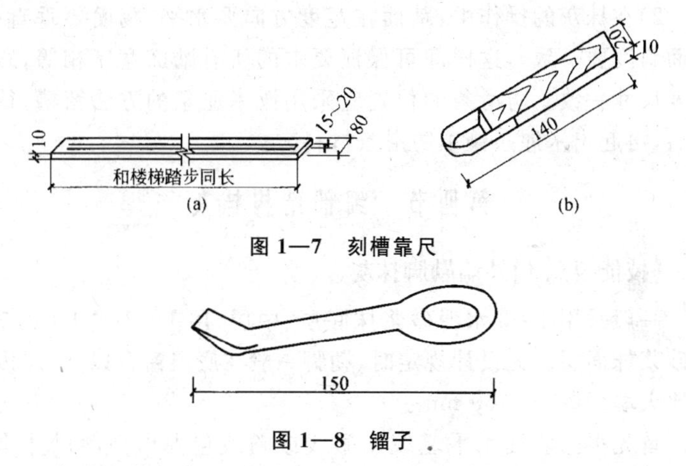

图1—7　刻槽靠尺

图1—8　镏子

3)待踏步养护期过后，用1∶3水泥金刚砂浆把凹槽填平，并用护角抹子把水泥金刚砂浆捋出一道凸出踏面的半圆形小灰条的防滑条来，捋放滑条时要在凹槽边顺凹槽铺一根短靠尺来作为防滑条找直的依据。

4)抹防滑条的水泥金刚砂浆稠度值要控制在4度以内，以免防滑条产生变形，在施工中，如感到灰浆不吸水时，可用干水泥吸水后刮掉，再捋直、捋光。待防滑条吸水后，在表面用刷子把防滑条扫至露出砂粒即可。

(7)养护。

楼梯踏步的养护应在最后一道压光后的第二天进行。要在上边覆盖草袋、草帘等以保持草帘潮湿为宜,养护期不少于 7 d。10 d以内上人要穿软底鞋,14 d 内不得搬运重物在梯段中停滞、休息。为了保证工程质量,楼梯踏步一般应在各项工程完成后进行。

(8)高级工程楼梯踏步。

1)以每个梯段最上一步和最下一步的阳角间斜线长度为斜线总长(但要注意最下一步梯面的高度一定要与其他梯面高度一致),用总长除以踏步的步数减 1 所得的值,为均分后踏步斜线上每段的长度。以这个长度在斜线上分别找出均分线段的点,该点即为所对应的每步踏步阳角的位置。

2)在抹灰的操作中,踏面在宽度方向要水平,踢面要垂直(斜踢面斜度要一致),这样即可保证要求的所有踏面宽度相等,踢面高度尺寸一致。防滑条的位置应采用镶米厘条的方法留槽,待磨光后,再起出米厘条镶填防滑条材料。

第四节　细部结构抹灰

【技能要点 1】外墙勒脚抹灰

一般采用 1∶3 水泥砂浆抹底层、中层,用 1∶2 或 1∶2.5 水泥砂浆抹面层。无设计规定时,勒脚一般在底层窗台以下,厚度一般比大墙面厚 50～60 mm。

首先根据墙面水平基线用墨线或粉线包弹出高度尺寸水平线,定出勒脚的高度,并根据墙面抹灰的大致厚度,决定勒脚的厚度。凡阳角处,需用方尺规方,最好将阳角处弹上直角线。

规矩找好后,将墙面刮刷干净,充分浇水湿润,按已弹好的水平线,将八字靠尺粘嵌在上口,靠尺板表面正好是勒脚的抹灰面。抹完底层、中层灰后,先用木抹子搓平,扫毛、浇水养护。

待底层、中层水泥砂浆凝结后,再进行面层抹灰,采用 1∶2 水泥砂浆抹面,先薄薄刮一层,再抹第二遍时与八字靠尺抹平。拿掉八字靠尺板，用小阳角抹蘸上水泥浆捋光上口，随后用抹子整个压光交活。

【技能要点 2】外窗台抹灰

1. 抹灰形式

为了有利于排水，外窗台应做出坡度。抹灰的混水窗台往往用丁砖平砌一皮的砌法，平砌砖低于窗下槛一皮砖。一种窗台突出外墙 60 mm，两端伸入窗台间墙 60 mm，然后抹灰，如图 1—9(a)、(b)所示；另一种是不出砖檐，而是抹出坡檐，如图 1—9(c)所示。

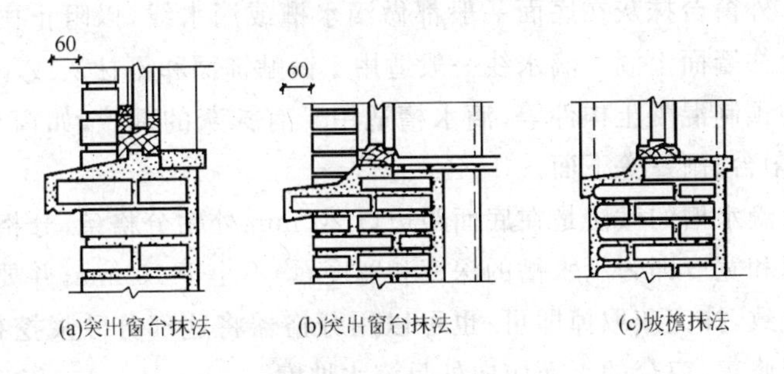

(a)突出窗台抹法　(b)突出窗台抹法　(c)坡檐抹法

图 1—9　外窗台抹灰

2. 找规矩

抹灰前，要先检查窗台的平整度，以及与左右上下相邻窗台的关系，即高度与进出是否一致；窗台与窗框下槛的距离是否满足要求(一般为 40～50 mm)，发现问题要及时调整或在抹灰时进行修正。再将基体表面清理干净，洒水湿润，并用水泥砂浆将台下槛的间隙填满嵌实。抹灰时，应将砂浆嵌入窗下槛的凹槽内，特别是窗框的两个下角处，处理不好容易造成窗台渗水。

3. 施工要点

外窗台一般采用 1∶2.5 水泥砂浆做底层灰，1∶2 水泥砂浆罩面。窗台抹灰操作难度大，因为一个窗台有五个面，八个角，一条凹档，一条滴水线或滴水槽，其抹灰质量要求表面平整光洁，棱角清晰，与相邻窗台的高度要一致。横竖都要成一条线，排水流畅,不渗水,不湿墙。

窗台抹灰时,应先打底灰,厚度为 10 mm,其顺序是先立面,后平面,再底面,最后侧面,抹时先用钢筋夹头将八字靠尺卡住。上灰后用木抹子搓平,虽是底层,但也要求棱角清晰,为罩面创造条件。第二天再罩面,罩面用 1∶2 水泥砂浆,厚度为 5~8 mm,根据砂浆的干湿稠度,可连续抹几个窗台,再搓平压光。

后用阳角抹子捋光,在窗下槛处用圆阴角捋光,以免下雨时向室内渗水。

【技能要点 3】滴水槽、滴水线

外窗台抹灰在底面一般都做滴水槽或滴水线,以阻止雨水沿窗台往墙面上淌。滴水线一般适用于镶贴饰面和不抹灰或不满抹灰的预制混凝土构件等;滴水槽适用于有抹灰的部位,如窗楣、窗台、阳台、雨篷等下面。

滴水槽的做法是在底面距边口 20 mm 处粘分格条,分格条的深度和宽度即为滴水槽的深度和宽度,均不小于 10 mm,并要求整齐一致,抹完灰取掉即可;也可以用分格器将这部分砂浆挖掉,用抹子修正,窗台的平面应向外呈流水坡度。

滴水线的做法是将窗台下边口的抹灰直角改为锐角,并将角部位下伸约 10 mm,形成滴水。

【技能要点 4】门窗套口

门窗套口在建筑物的立面上起装饰作用,有两种形式,一种是在门窗口的一周用砖挑砌 6 cm 的线型;另一种不挑砖檐,抹灰时用水泥砂浆分层在窗口两侧及窗楣处往大墙面抹出 40~60 mm 左右宽的灰层,突出墙面 5~10 mm,形成套口。

门窗套口抹灰施工前,要拉通线,把同层的套口做到挑出墙面一致,在一个水平线上,套口上脸和窗台的底部作好滴水,出檐上脸顶与窗台上小面抹泛水坡。出檐的门窗套口一般先抹两侧的立膀,再抹上脸,最后抹下窗台。涂抹时正面打灰反粘八字靠尺,先完成侧面或底面,而后平移靠尺把另一侧或上面抹好,然后在已抹完的两个面上正卡八字尺，将套口正立面抹光。

不出檐的套口，首先在阳角正面上反粘八字靠尺把侧面抹好，上脸先把底面抹上，窗台把台面抹好，翻尺正贴里侧，把正面套口周的灰层抹成。灰层的外棱角用先粘靠尺或先抹后切割法来完成套口抹灰。

【技能要点5】檐口抹灰

檐口一般抹灰通常采用水泥砂浆，又由于檐口结构一般是钢筋混凝土板并突出墙面，又多是通长布置的，施工时通过拉通线用眼穿的方法，决定其抹灰的厚度。发现檐口结构本身里进外出，应首先进行剔凿、填补修整，以保证抹灰层的平整顺直，然后对基层进行处理。清扫、冲洗板底粘有的砂、土、污垢、油渍后，再采用钢丝刷子认真清刷，使之露出洁净的基体，加强检查后，视基层的干湿程度浇水湿润。

檐口边沿抹灰与外窗台相似，上面设流水坡，外高里低，将水排入檐沟，檐下（小顶棚的外口处）粘贴米厘条作滴水槽，槽宽、槽深不小于10 mm。抹外口时，施工工序是先粘尺作檐口的立面，再去做平面，最后做檐底小顶棚。这个做法的优点是不显接槎。檐底小顶棚操作方法同室内抹顶棚、檐口处贴尺粘米厘条如图1—10图，檐口上部平面粘尺示意如图1—11所示。

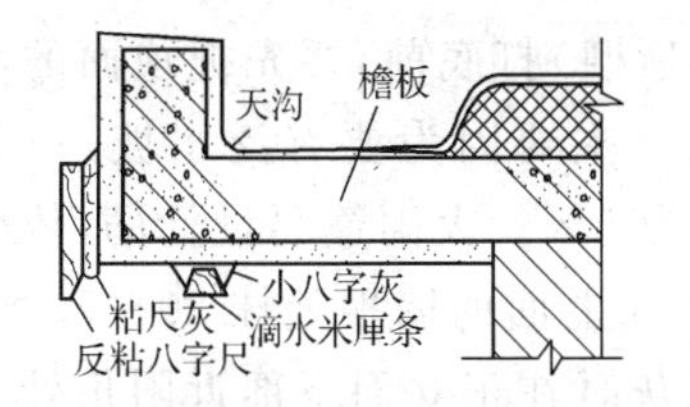

图1—10　檐口粘靠尺、粘米厘条示意图

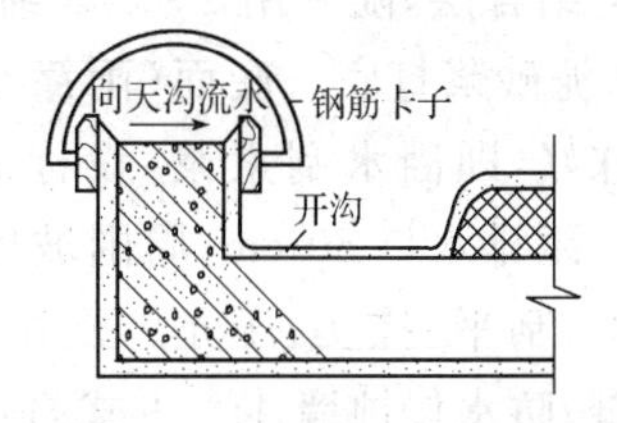

图1—11　檐口上部平面粘尺示意图

【技能要点6】腰线抹灰

腰线是沿房屋外墙的水平方向，经砌筑突出墙面的线型，用以增加建筑物的美观。构造上有单层、双层、多层檐，腰线与窗楣、窗台连通为一线，称为上脸腰线或窗台腰线。

腰线抹灰方法基本与檐口相同。抹灰前基层进行清扫,洒水湿润,基底不平者,用 1∶2 水泥砂浆分层修补,凹凸处进行剔平。腰线抹灰先用 1∶3 水泥砂浆打底,1∶2.5 水泥砂浆罩面。施工时应拉通线,成活要求表面平整,棱角清晰、梃括。涂抹时先在正立面打灰反粘八字尺把下底抹成,而后上推靠尺把上顶面抹好,将上、下两个面正贴八字尺,用钢筋卡卡牢,拉线再进行调整。

调直后将正立面抹完,经修理压光,拆掉靠尺,修理棱角,通压一遍交活。腰线上小面做成里高外低泛水坡。下小面在底子灰上粘米厘条做成滴水槽,多道砖檐的腰线,要从上向下逐道进行,一般抹每道檐时,都在正立面打灰粘尺,把小面做好后,小面上面贴八字尺把腰线正立面抹完,整修棱角、面层压光均同单层腰线抹灰的方法。

【技能要点 7】雨篷抹灰

雨篷也是突出墙面的预制或现浇的钢筋混凝土板。在一幢建筑物上,往往相邻有若干个雨篷,抹灰以前要拉通线作灰饼,使每个雨篷都在一条直线上,对每个雨篷本身也应找方、找规矩。

在抹灰前首先将基层清理干净,凹凸处用錾子剔平或用水泥砂浆抹平,有油渍之处要用掺有 10%的火碱水清洗后,用清水刷净。

在雨篷的正立面和底面,用掺 15%乳胶的水泥乳胶浆刮1 mm 厚的结合层,随后用 1∶2.5 细砂浆刮抹 2 mm 铁板糙;隔天用 1∶3 水泥砂浆打底。底面(雨篷小顶棚)打底前,要先把顶面的小地面抹好,即洒水刮素浆,设标志点主要因为要有泛水坡,一般为 2%,距排水口 50 cm,周围坡度为 5%。大雨篷要设标筋,依标筋铺灰、刮平、搓实、压光。要在雨篷上面的墙根处抹 20～50 cm的勒脚,防水侵蚀墙体。正式打底灰时在正立面下部近阳角处打灰反粘八字尺,在侧立面下部近阳角处亦同样打灰粘尺,这三个面粘尺的下尺棱边在一个平面上,不能扭翘。然后把底面用 1∶3 水泥砂浆抹上,抹时从立面的尺边和靠墙一面门口阴角开始,抹出四角的条筋来,再去抹中间的大面灰。抹完用软尺刮平,木抹子搓平,取下靠尺,从立面的上部和里边的小立面上用卡子反卡八字尺,用抹檐口的方法把上顶小面抹完(外高里低,形成泛水坡)。第二天养护,隔天罩面抹灰。罩面前弹线粘米厘条,而后粘尺把底檐和上顶小面抹好。再在上、下面卡八字尺把立面抹好,罩面灰修理、压光后,将米厘条起出并立即进行勾缝,阴角部分作成圆弧形。最后将雨篷底以纸筋灰分两遍罩面压光。

【技能要点8】阳台抹灰

阳台抹灰一般根据其构造大致有阳台地面、底面、挑梁、牛腿、台口梁、扶手、栏板、栏杆等。

阳台抹灰要求一幢建筑物上下成垂直线,左右成水平线,进出一致,细部划一,颜色一致。

阳台抹灰找规矩方法是由最上层阳台突出阳角及靠墙阴角往下挂垂线,找出上下各层阳台进出误差及左右垂直误差,以大多数阳台进出及左右边线为依据,误差小的,可以上下左右顺一下,误差太大的,要进行必要的结构修整。

对于各相邻阳台要拉水平通线,进出较大也要进行修整。根据找好的规矩,大致确定各部位抹灰厚度,再逐层逐个找好规矩,做抹灰标志块。最上一层两头最外边的两个抹好后,以下都以这两个挂线为准做标志块。

阳台一般抹灰同室内外基本相同。阳台地面的具体做法与普通水泥地面一样,但要注意排水坡度方向应顺向阳台两侧的排水孔,不能“倒流水”。另外阳台地面与砖墙交接处的阴角用阴角抹子压实,再抹成圆弧形,以利排水,防止使下层住户室内墙壁潮湿。

阳台底面抹灰做法与雨篷底面抹灰大致相同。

阳台的扶手抹法基本与压顶一样,但一定要压光,达到光滑平整。栏板内外抹灰基本与外墙抹灰相同。阳台挑梁和阳台梁,也要按规矩抹灰,要求高低进出整齐一致,棱角清晰。

【技能要点9】台阶及坡道抹灰

1. 台阶抹灰

台阶抹灰与楼梯踏步抹灰基本相同,但放线找规矩时,要使踏步面(踏步板)向外坡1%;台阶平台也要向外坡1%~1.5%,以利排水。常用的砖砌台阶,一般踏步顶层砖侧砌,为了增加抹面砂浆与砖砌体的粘结,砖顶层侧砌时,上面和侧面的砂浆灰缝应留出10 mm孔隙,以使抹面砂浆嵌结牢固,如图1—12所示。

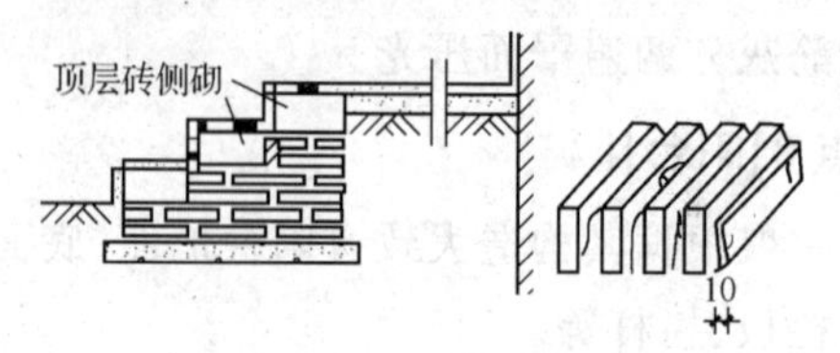

图1—12 砖踏步抹灰

2.坡道抹灰

为连接室内外高差所设斜坡形的坡道,坡道形式一般有以下三种。

(1)光面坡道。

由两种材料水泥砂浆、混凝土组成,构造一般为素土夯实(150 mm的3∶7灰土)混凝土垫层。如果设计有行车要求,要有100~120 mm厚的混凝土垫层,水泥砂浆面层要求在浇混凝土时要麻面交活,后洒水扫浆,面层砂浆为1∶2水泥砂浆抹面压光,交活前用刷子横向扫一遍。如采用混凝土坡道,可用C15混凝土随打随抹面的施工方法。

(2)防滑条(槽)坡道。

在水泥砂浆光面的基础上,为防坡道过滑,抹面层时纵向间隔150~200 mm镶一根短于横向尺寸每边100~150 mm的米厘条。面层抹完适时取出,槽内抹1∶3水泥金刚砂浆,用护角抹子捋出高于面层10 mm的凸灰条,初凝以前用刷子蘸水刷出金刚砂条,即防滑坡道。防滑槽坡道的施工同防滑条坡道,起出米厘条养护即可,不填补水泥金刚砂浆。

(3)礓礤坡道。

一般要求坡度小于1∶4。操作时,在斜面上按坡度做标筋,然后用厚7 mm,宽40~70 mm四面刨光的靠尺板放在斜面最高处,按每步宽度铺抹1∶2水泥砂浆面层,其高端和靠尺板上口相平,低端与冲筋面相平,形成斜面,如图1—13所示。

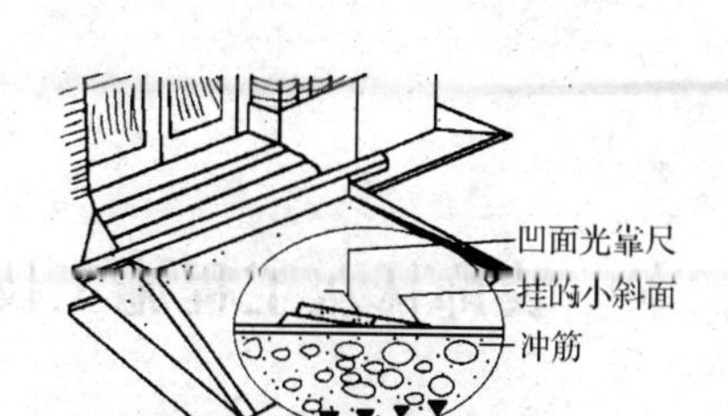

图 1—13　礓礤踏步施工

每步铺抹水泥砂浆后，先用木抹搓平，然后撒 1∶1 干水泥砂，待吸水后刮掉，再用钢皮抹子压光，并起下靠尺板，逐步由上往下施工。

第二章　装饰抹灰工程施工技术

第一节　建筑石材装饰抹灰

【技能要点 1】水刷石施工抹灰

1.材料要求

(1)水泥。采用 32.5 级及以上的矿渣或普通硅酸盐水泥,以及白色水泥和彩色水泥,所用水泥应是同一厂家,同一批号,一次进足用量。

(2)中砂。

(3)石子。颗粒坚实、洁净,1 号石(大八厘)粒径为 8 mm,2 号石(中八厘)为 6 mm,3 号石(小八厘)为 4 mm,同品种石子要颜色一致,不含草屑、泥沙,最好是同一批出厂产品。

(4)石粉。干净、干燥。

(5)颜料。耐碱性和耐光性好的矿物质颜料。

2.作业条件

(1)结构工程经过验收,符合规范要求。

(2)外脚手架牢固,平桥板铺好。

(3)墙上预留洞及管道等已处理完毕。门窗框已安装固定好,并用水泥混合砂浆将缝隙堵塞严密。

(4)墙面杂物清理干净,混凝土凸起较大处要酌情打凿修平、疏松部分要剔除并用水泥砂浆补平。

(5)木分格条在使用前用水浸透。

(6)水刷石应先做样板,确定配合比和施工工艺,统一按配合比配料并派专人把关。

3.工艺流程

基层处理→吊直、套方、做灰饼及冲筋→做护角→抹底层和中层砂浆→弹线粘贴分格条→抹面层石子浆→修整洗刷→启条勾缝。

4. 混凝土外墙基层水刷石施工

(1)基层处理。将混凝土表面凿毛，板面酥皮剔净，用钢丝刷将粉尘刷掉，清水冲洗干净，浇水湿润；用10%火碱水将混凝土表面的油污及污垢刷净，并用清水冲洗晾干，喷或甩1∶1掺用水量20%的108胶水泥细砂浆一道。终凝后浇水养护，直至砂浆及混凝土板粘牢(用手掰砂浆不脱落)，方可进行打底；或采用YJ302混凝土界面处理剂对基层进行处理，其操作方法有两种。第一种，在清洗干净的混凝土基体上，涂刷“处理剂”一道，随即紧跟着抹水泥砂浆，要求抹灰时处理剂不能干。第二种，刷完处理剂后撒一层粒径为2～3 mm的砂子。以增加混凝土表面的粗糙度，待其干硬后再进行打底。

(2)吊垂直、套方、做灰饼。外墙面抹灰前要注意找出规矩。要在各大角先挂好自上而下垂直通线(高层建筑应用钢丝或在大角及门窗口边用经纬仪打垂线吊得重锤垂下)，然后在各大角两侧分层打标准灰饼。再接水平通线后对墙面其余部位做灰饼。对于门窗洞口、阳台、腰线等部位也应注意进行吊垂直，拉水平线做灰饼，使墙面部位做到横平竖直。

(3)冲筋、抹底(中层)灰。与一般内墙抹灰相同，但应注意因面层是含粗骨料的灰浆，故应做成平整但较粗糙的表面，并应划毛。

(4)贴分格条。贴分格条时要注意按照设计要求或窗台(楣)、饰线等具体情况分格。分格条横竖线要布置恰当，应分别与门窗立边和上下边缘平齐，并不得有掉棱、缺角、扭曲等现象。镶贴时要先在中层砂浆上弹出分格墨线，然后用素水泥浆按照墨线粘贴分格条。分格条粘贴后要求达到横平竖直、交接通顺。

(5)抹面层石子浆。抹面层前，先将底层洒水湿润，然后扫纯泥浆一遍，接着抹上1∶0.3∶(1～1.5)水泥福粉石子浆，厚度约为10 mm。每一块分格内从上而下抹实与分格条持平，抹完一块检查其平整度，不平处及时修补后压实抹平，并把露出的石子尖棱轻轻拍打进去。同一方格的面层要求一次抹完，不宜留施工缝。需要留施工缝时，应留在分隔缝的位置上。

(6)修整、洗刷。待水分稍干，墙面无水时，先用铁抹子对已抹好的石子灰浆表面抹平揉压，使石料分布均匀，并使小孔洞压密，挤实。然后用横扫蘸水将压出的水泥浆刷去，再用铁抹子压实抹平一遍，如此反复进行几次，使石子大面朝外，达到石粒均匀、密实。等面层开始初凝(约六到七成干，用手指压上去没有指痕，用刷子刷不掉石粒时)，用水杯装水由上往下轻轻浇水冲洗，将表面及石料之间的水泥浆冲掉，使石子露出表面 1/3～1/2，达到清晰可见。冲刷时做好排水工作，可分段抹上阻水的水泥浆挡水，并在水泥浆上粘贴油毡让水外排，使水不直接顺着下部墙体底层砂浆面往下淌。待墙面干燥后，从各分格条的端头开始，小心起出分格条，并及时用素水泥浆勾缝。

(7)施工程序。门窗碹脸、窗台、阳台、雨罩等部位刷石应先做小面，后做大面，以保证大面的清洁美观。刷石阳角部位，喷头应从外往里喷洗，最后用小水壶浇水冲净。檐口、窗台碹脸、阳台、雨罩等底面应做滴水槽，上宽 7 mm，下宽 10 mm，深 10 mm，距外皮不少于 30 mm。大面积墙面刷石一天完不成，继续施工冲刷新活前，应将前天做的刷石用水淋透，以备喷刷时沾上水泥浆后便于清洗，防止污染墙面。岔子应留在分隔缝上。

5. 基层为砖墙水刷石施工

(1)基层处理。抹灰前将基层上的尘土、污垢清扫干净，堵脚手眼，浇水湿润。

(2)吊垂直、套方找规矩。从顶层开始用特制线坠绷钢丝吊直，然后分层抹灰饼，在阴阳角、窗口两侧、柱、垛等处均应吊线找直，绷钢丝，抹好灰饼，并充筋。

(3)抹底层砂浆。常温时采用 1∶0.5∶4 混合砂浆或 1∶0.3∶0.2∶4 粉煤灰混合砂浆打底，抹灰时以充筋为准控制抹灰的厚度，应分层分遍装档，直至与筋抹平。要求抹头遍灰时用力抹，将砂浆挤入灰缝中使其粘结牢固，表面找平搓毛，终凝后浇水养护。

(4)弹线、分格、粘分格条、滴水条。按图纸尺寸弹线分格，粘分格条，分格条要横平竖直交圈，滴水条应按规范和图纸要求部位粘贴，并应顺直。

(5)抹水泥石渣浆。先刮一道掺用水量10%的108胶水泥素浆，随即抹1∶0.5∶3水泥石渣浆，抹时应由下至上一次抹到分格条的厚度，并用靠尺随抹随找平，凸凹处及时处理，找平后压实、压平、拍平至石渣大面朝上为止。

(6)修整、喷刷。将已抹好的石渣面层拍平压实，将其内水泥浆挤出，用水刷蘸水将水泥浆刷去，重新压实溜光，反复进行3～4遍，待面层开始初凝，指摁无痕，用刷子刷不掉石渣为度。一人用刷子蘸水刷去水泥浆，一人紧跟着用水压泵喷头由上往下顺序喷水刷洗，喷头一般距墙10～20 cm，把表面水泥浆冲洗干净露出石渣，最后用小水壶浇水将石渣冲净，待墙面水分控干后，起出分格条，并及时用水泥膏勾缝。

(7)操作程序。门窗碹脸、窗台、阳台、雨罩等部位刷石先做小面，后做大面，以保证墙面清洁美观。刷石阳角部位喷头应由外往里冲洗，最后用小水壶浇水冲净。檐口、窗台、碹脸、阳台、雨罩底面应做滴水槽，上宽7 mm，下宽10 mm，深10 mm，距外皮不少于30 mm。大面积墙面刷石一天完不成，如需继续施工时，冲刷新活前应将前一天做的刷石用水淋湿，以备喷刷时沾上水泥浆后便于清洗，防止污染墙面。

6.施工注意事项

(1)装饰抹灰面层的厚度、颜色、图案应符合设计要求。

(2)装饰抹灰面层应做在已硬化、粗糙平整的中层砂浆面上，涂抹前应洒水湿润。

(3)装饰面层有分格要求时，分格条应宽窄厚薄一致，粘结在中层砂浆面上。分格条应横平竖直、交接严密，完工后适时全部取出并勾缝。

(4)装饰抹灰面层的施工缝，应留在分隔缝、墙面阴角，水落管背后或独立装饰组成部分的边缘处。

(5)水刷石、水磨石的石子粒径、颜色等由设计规定，施工前应先做样板，其配料分量、材料规格应由专人负责管理和调配，不得混乱和错用，以使产品的形状和色泽均匀一致。

7. 冬雨期施工

(1)冬期施工为防止灰层受冻，砂浆内不宜掺石灰膏，为保证砂浆的和易性，可采用同体积的粉煤灰代替。比如打底灰配合比可采用1∶0.5∶4(水泥∶粉煤灰∶砂)或1∶3水泥砂浆；水泥石渣浆配合比可采用1∶0.5∶3(水泥∶粉煤灰∶石渣)或改为1∶2水泥石渣浆使用。

(2)抹灰砂浆应使用热水拌和，并采取保温措施，涂抹时砂浆温度不宜低于5℃。

(3)抹灰层硬化初期不得受冻。

(4)进入冬期施工，砂浆中应掺入能降低冰点的外加剂，加氯化钙或氯化钠，其掺量应按早七点半大气温度高低来调整砂浆外加剂的掺量。

(5)用冻结法砌筑的墙，室外抹灰应待其完全解冻后再抹，不得用热水冲刷冻结的墙面或用热水消除墙面的冰霜。

(6)严冬阶段不得施工。

(7)雨期施工时注意采取防雨措施，刚完成的刷石墙面如遇暴雨冲刷时，应注意遮挡，防止损坏。

【技能要点2】水磨石施工抹灰

水磨石面层所用的石粒应采用质地密实、磨面光亮，但硬度不太高的大理石、白云石、方解石加工而成，硬度过高的石英岩、长石、刚玉等不宜采用，石粒粒径规格习惯上用大八厘、中八厘、小八厘、米粒石来表示。

颜料对水磨石面层的装饰效果有很大影响，应采用耐光、耐碱和着色力强的矿物颜料，颜料的掺入量对面层的强度影响也很大，面层中颜料的掺入量宜为水泥质量的3%～6%。同时不得使用酸性颜料，因其会与水泥中的水化产物$Ca(OH)_2$发生反应，使面层易产生变色、褪色现象。常用的矿物颜料有氧化铁红(红色)、氧化铁黄(黄色)、氧化铁绿(绿色)、氧化铁棕(棕色)、群青(蓝色)等。

现浇水磨石施工时，在 1∶3 水泥砂浆底层上洒水湿润，刮水泥浆一层(厚 1～1.5 mm)作为粘结层，找平后按设计要求布置并固定分格嵌条(铜条、铝条、玻璃条)，随后将不同色彩的水泥石子浆[水泥∶石子＝1∶(1～1.25)]填入分格中，厚为 8 mm(比嵌条高出 1～2 mm)，抹平压实。待罩面灰有一定强度(1～2 d)后，用磨石机浇水磨至光滑发亮为止。

每次磨光后，用同色水泥浆填补砂眼，视环境温度不同每隔一定时间再磨第二遍、第三遍，要求磨光遍数不少于三遍，补浆两次，此即所谓“二浆三磨”法。

最后，有的工程还要求用草酸擦洗和进行打蜡。

【技能要点 3】斩假石施工抹灰

1. 专用工具

(1)斩假石采用的斩斧。

(2)拉假石采用自制抓耙，抓耙齿片用废据条制作。

2. 所用材料

(1)石子。70％粒径 2 mm 的白色石子和 30％石子的粒径 0.15～1.5 mm 的白云石屑。

(2)面层砂浆配比水泥石子浆；水泥∶石子为 1∶(1.25～1.50)。

3. 操作流程

中层砂浆验收→弹线、贴分格条→抹面层水泥石子浆→斩剁面层(或抓耙面)→养护。

4. 操作要点

(1)基层处理。首先将凸出墙面的混凝土或砖剔平，对大钢模施工的混凝土墙面应凿毛，并用钢丝刷满刷一遍，再浇水湿润。如果基层混凝土表面很光滑，亦可采取如下的“毛化处理”办法，即先将表面尘土、污垢清扫干净，用 10％的火碱水将板面的油污刷掉，随即用净水将碱液冲净、晾干。然后用 1∶1 水泥细砂浆内掺用水量 20%的 108 胶，喷或用笤帚半砂浆甩到墙上，其甩点要均匀，终凝后浇水养护，直至水泥砂浆疙瘩全部粘到混凝土光面上，并有较高的强度(用手掰不动)为止。

(2)吊垂直、套方、找规矩、贴灰饼。根据设计图纸的要求，把设计需要做斩假石的墙面、柱面中心线和四周大角及门窗口角，用线坠吊垂直线，贴灰饼找直。横线则以楼层为水平基线或+50 cm 标高线交圈控制。每层打底时则以此灰饼作为基准点进行冲筋、套方、找规矩、贴灰饼，以便控制底层灰，做到横平竖直。同时要注意找好突出檐口、腰线、窗台、雨篷及台阶等饰面的流水坡度。

(3)抹底层砂浆。结构面提前浇水湿润，先刷一道掺用水量 10%的 108 胶的水泥素浆，紧跟着按事先冲好的筋分层分遍抹 1∶3水泥砂浆，第一遍厚度宜为 5 mm，抹后用笤帚扫毛；待第一遍六七成干时，即可抹第二遍，厚度约 6～8 mm，并与筋抹平，用抹子压实，刮杠找平、搓毛，墙面阴阳角要垂直方正。终凝后浇水养护。台阶底层要根据踏步的宽和高垫好靠尺抹水泥砂浆，抹平压实，每步的宽和高要符合图纸的要求。台阶面向外坡 1%。

(4)抹面层石渣。根据设计图纸的要求在底子灰上弹好分格线，当设计无要求时，也要适当分格。首先将墙、柱、台阶等底子灰浇水湿润，然后用素水泥膏把分格米厘条贴好。待分格条有一定强度后，便可抹面层石渣，先抹一层素水泥浆随即抹面层，面层用 1∶1.25(体积比)水泥石渣浆，厚度为 10 mm 左右。然后用铁抹子横竖反复压几遍直至赶平压实，边角无空隙。随即用软毛刷蘸水把表面水泥浆刷掉，使露出的石渣均匀一致。面层抹完后约隔 24 h 浇水养护。

(5)剁石。抹好后，常温(15℃～30℃)约隔 2～3 d 可开始试剁，在气温较低时(5℃～15℃)抹好后约隔 4～5 d 可开始试剁，如经试剁石子不胶落便可正式剁。为了保证棱角完整无缺，使斩假石有真石感，在墙角、柱子等边棱处，宜横剁出边条或留出 15～20 mm的边条不剁。

为保证剁纹垂直和平行，可在分格内画垂直控制线或在台阶上画平行垂直线，控制剁纹，保持与边线平行。

剁石时用力要一致，垂直于大面，顺着一个方向剁，以保持剁纹均匀。一般剁石的深度以石渣剁掉三分之一比较适宜，使剁成的假石成品美观大方。

5.应注意的质量问题

(1)空鼓裂缝。

1)因冬期施工气温低，砂浆受冻，到第二年春天化冻后，容易产生面层与度层或基层粘结不好而空鼓，严重时有粉化现象。因此在进行室外斩假石时应保持正温，不宜冬期施工。

2)一层地面与台阶基层回填土应分步分层夯打密实，否则容易造成混凝土垫层与基层空鼓和沉陷裂缝。台阶混凝土垫层厚度不应小于 8 cm。

3)下基层材料同时应加钢板网。不同做法的基础地面与台阶，应留置沉降缝或分格条；预防产生不均匀的沉降与裂缝。

4)基层表面偏差较大，基层处理或施工不当，如每层抹灰跟得太紧，又没有洒水养护，各层之间的粘结强度很差，面层和基层就容易产生空鼓裂缝。

5)基层清理不净又没做认真的处理，往往是造成面层与基层空鼓裂缝的主要原因。因此，必须严格按工艺标准操作，重视基层处理和养护工作。

(2)剁纹不匀。主要是没掌握好开剁时间，剁纹不规范，操作时用力不一致和斧刃不快等造成。应加强技术培训、辅导和使用样板，以样板指导操作和施工。

(3)剁石面有坑。大面积剁前未试剁，面层强度低所致。

【技能要点 4】干粘石施工抹灰

1.材料及主要机具

(1)水泥。32.5 级及其以上的矿渣水泥或普通硅酸盐水泥，颜色一致，宜采用同一批产品、同炉号的水泥。有产品出厂合格证。

(2)砂。中砂，使用前应过 5 mm 孔径的筛子，或根据需要过纱绷筛，筛好备用。

(3)石渣。颗粒坚硬，不含黏土、软片、碱质及其他有机物等有害物质。其规格的选配应符合设计要求，中八厘粒径为 6 mm，小八厘粒径为 4 mm，使用前应过筛，使其粒径大小均匀，符合上述要求。筛后用清水洗净晾干，按颜色分类堆放，上面用帆布盖好。

(4)石灰膏。使用前一个月将生石灰焖透，过 3 mm 孔径的筛子，冲淋成石灰膏，用时灰膏内不得含有未熟化的颗粒和杂质。

(5)磨细生石灰粉。使用前一周用水将其焖透，不应含有未熟化颗粒。

(6)粉煤灰，108 胶或经过鉴定的胶粘剂等，并有产品出厂合格证及使用说明。

(7)主要机具。砂浆搅拌机、铁抹子、木抹子、塑料抹子、大杠、小杠、米厘条、小木拍子、小筛子(30 cm×50 cm)数个、小塑料滚子、小压子、靠尺板、接石渣筛(30 cm×80 cm)等。

2. 作业条件

(1)外架子提前支搭好，最好选用双排外脚手架或桥式架子，若采用双排外架子，最少应保证操作面处有两步架的脚手板，其横竖杆及拉杆、支杆等应离开门窗口角 200～250 mm，架子的步高应满足施工需要。

(2)预留设备孔洞应按图纸上的尺寸留好，预埋件等应提前安装并固定好，门窗口框安装好，并与墙体固定，将缝隙填嵌密实，铝合金门窗框边提前做好防腐及表面粘好保护膜。

(3)墙面基层清理干净，脚手眼堵好，混凝土过梁、圈梁、组合柱等，将其表面清理干净，突出墙面的混凝土剔平，凹进去部分应浇水洇透后，用掺水质量 10%108 胶的 1∶3 水泥砂浆分层补平，每层补抹厚度不应大于 7 mm，且每遍抹后不应跟得太紧。加气混凝土板凹槽处修补应用掺水质量 10%108 胶 1∶1∶6 的混合砂浆分层补平，板缝亦应同时勾平、勾严。预制混凝土外墙板防水接缝已处理完毕，经淋水试验，无渗漏现象。

(4)确定施工工艺，向操作者进行技术交底。

(5)大面积施工前先做样板墙，经有关人员验收后，方可按样板要求组织施工。

3.工艺流程

检查外架子→基层处理→吊垂直、找规矩→抹灰饼、充筋→打底→弹线分格→粘条→抹粘石砂浆→粘石→拍平、修整→起条、勾缝→养护。

4.基层为混凝土外墙板的施工

(1)基层处理。对用钢模施工的混凝土光板应进行剔毛处理，板面上有酥皮的应将酥皮剔去，或用浓度为10%的火碱水将板面的油污刷掉，随之用净水将碱液冲洗干净，晾干后用1∶1水泥细砂浆(其内的砂子应过纱绷筛)用掺水质量20%的108胶水搅拌均匀，用空压机及喷斗将砂浆喷到墙上，或用笤帚将砂浆甩到墙上，要求喷、甩均匀。终凝后浇水养护，常温3～5 d，直至水泥砂浆疙瘩全部固化到混凝土光板上，用手掰不动为止。

(2)吊垂直、套方、找规矩。若建筑物为高层时，则在大角及门窗口两边，用经纬仪打直线找垂直。若为多层建筑，可从顶层开始用大线坠吊垂直，绷钢丝找规矩，然后分层抹灰饼。横线则以楼层标高为水平基准交圈控制，每层打底时则以此灰饼做基准冲筋，使其打底灰做到横平竖直。

(3)抹底层砂浆。抹前刷一道掺用水量10%的108胶水泥素浆，紧跟着分层分遍抹底层砂浆，常温时可采用1∶0.5∶4(水泥∶白灰膏∶砂)，冬期施工时应用1∶3水泥砂浆打底，抹至与冲的筋相平时，用大杠刮平，木抹子搓毛，终凝后浇水养护。

(4)弹线、分格、粘分格条、滴水线。按图纸要求的尺寸弹线、分格，并按要求宽度设置分格条，分格条表面应做到横平竖直、平整一致，并按部位要求粘设滴水槽，其宽、深应符合设计要求。

(5)抹粘石砂浆、粘石。抹粘石砂浆，粘石砂浆主要有两种，一种是素水泥浆内掺水泥质量20%的108胶配制而成的聚合物水泥浆；另一种是聚合物水泥砂浆，其配合比为水泥∶石灰膏∶砂∶108胶为1∶1.2∶2.5∶0.2。其抹灰层厚度，根据石渣的粒径选择，一般抹粘石砂浆应低于分格条 1～2 mm。粘石砂浆表面应抹平，然后粘石。采用甩石子粘石，其方法是一手拿底钉窗纱的小筛子，筛内装石渣，另一手拿小木拍，铲上石渣后在小木拍上晃一下，使石渣均匀地撒布在小木拍上，再往粘石砂浆上甩，要求一拍接一拍地甩，要将石渣甩严、甩匀，甩时应用小筛子接着掉下来的石渣，粘石后及时用干净的抹子轻轻地将石渣压入灰层之中，要求将石渣粒径的 2/3 压入灰中，外露 1/3，并以不露浆且粘结牢固为原则。待其水分稍蒸发后，用抹子垂直方向从下往上溜一遍，以消除拍石时的抹痕。

对大面积粘石墙面，可采用机械喷石法施工，喷石后应及时用橡胶滚子滚压，将石渣压入灰层 2/3，使其粘结牢固。

(6)施工程序。门窗碹脸、阳台、雨罩等按要求应设置滴水槽，其宽度、深度应符合设计要求。粘石时应先粘小面后粘大面，大面、小面交角处抹粘石灰时应采用八字靠尺，起尺后及时用筛底小米粒石修补黑边，使其石粒粘结密实。

(7)修整、处理黑边。粘完石后应及时检查有无没粘上或石粒粘得不密实的地方，发现后用水刷蘸水甩在其上，并及时补粘石粒，使其石渣粘结密实、均匀，发现灰层有坠裂现象，也应在灰层终凝以前甩水将裂缝压实。如阳角出现黑边，应待起尺后及时补粘米粒石并拍实。

(8)起条、勾缝。粘完石后应及时用抹子将石渣压入灰层2/3，并用铁抹子轻轻地往上溜一遍以减少抹痕。随后即可起出分格条、滴水槽，起条后应用抹子将起条后的灰层轻轻地按一下，防止在起条时将粘石灰的底灰拉开，干后形成空鼓。起条后可以用素水泥膏将缝内勾平、勾严。也可待灰层全部干燥后再勾缝。

(9)浇水养护。常温施工粘石后 24 h，即可用喷壶浇水养护。

5.基层为砖墙的施工

(1)基层处理。将墙面清扫干净，突出墙面的混凝土剔去，浇水湿润墙面。

(2)吊垂直、套方、找规矩。墙面及四角弹线找规矩，必须从顶层用特制的大线坠吊全高垂直线，并在墙面的阴阳角及窗台两侧、柱、垛等部位根据垂直线做灰饼，在窗口的上下弹水平线，横竖灰饼要求垂直交圈。

(3)抹底层砂浆。常温施工配合比为1∶0.5∶4的混合砂浆或1∶0.2∶0.3∶4的粉煤灰混合砂浆，冬期施工采用配合比为1∶3的水泥砂浆，并掺入一定比例的抗冻剂。打底时必须用力将砂浆挤入灰缝中，并分两遍与筋抹平，用大杠横竖刮平，木抹子搓毛，第二天浇水养护。

(4)粘分格条。根据图纸要求的宽度及深度粘分格条，分格条的两侧用素水泥膏勾成八字将条固定，弹线，分格应设专人负责，使其分格尺寸符合图纸要求。此项工作应在粘分格条以前进行。

(5)抹粘石砂浆、粘石。为保证粘石质量，粘石砂浆配合比略有不同，目前一般采用抹6 mm厚1∶3水泥砂浆，紧跟着抹2 mm厚聚合水泥膏(水泥∶108胶为1∶0.3)一道。随即粘石并将粘石拍入灰层2/3，达到拍实、拍平。抹粘石砂浆时，应先抹中间部分后抹分格条两侧，以防止木制分格条吸水快，条两侧灰层早干，影响粘石效果。粘石时应先粘分格条两侧后粘中间部分，粘的时候应一板接一板地连续操作要求石粒粘得均匀密实，拍牢，待无明水后，用抹子轻轻地溜一遍。

(6)施工程序。自上而下施工，门窗碹脸、阳台、雨罩等要留置滴水槽，其宽、深应符合设计要求。粘石时应先粘小面，后粘大面。

(7)修整、处理黑边。粘石灰未终凝以前，应对已粘石面层进行检查，发现问题及时修理；对阴角及阳角应检查平整及垂直，检查角的部位有无黑边，发现后及时处理。

(8)起条、勾缝。待修理后即可起条，分格条、滴水槽同时起出，起条后用抹子轻轻地按一下，防止起条时将粘石层拉起，干后形成空鼓。第二天，浇水湿润后用水泥膏勾缝。

(9)浇水养护。常温24 h后，用喷壶浇水养护粘石面层。

6.基层为加气混凝土板的施工

(1)基层处理。将加气混凝土板拼缝处的砂浆抹平，用笤帚将表面粉尘，加气细末扫净，浇水洇透，勾板缝，用10%（水质量）的108胶水泥浆刷一遍，紧跟着用1∶1∶6混合砂浆分层勾缝，并对缺棱掉角的板，分层补平，每层厚度7～9 mm。

(2)抹底层砂浆。可采用下列两种方法之一。

1)在润湿的加气混凝土板上刷一道掺有水质量20%的108胶水泥浆，紧跟着薄薄地刮一道1∶1∶6混合砂浆，用笤帚扫出垂直纹路，终凝后浇水养护，待所抹砂浆与加气混凝土粘结在一起，手掰不动为宜。方可吊垂直，套方找规矩，冲筋，抹底层砂浆。

颜料、胶料简介

1. 颜料

掺入装饰砂浆中的颜料，应用耐碱和耐晒（光）的矿物颜料，装饰砂浆常用颜料见表2—1。

表2—1 装饰砂浆常用颜料和说明

色彩	颜色名称	说明
黄色	氧化铁黄	遮盖力、着色力一般，颜色不鲜，耐光性、耐大气影响、耐污浊气体以及耐碱性等都比较强，是装饰中既好又经济的黄色颜料之一
	铬黄（铅铬黄）	铬黄系含有铬酸铅的黄色颜料（$PbCrO_4$），着色力高，遮盖力强，较氧化铁黄鲜艳，耐光、耐酸、耐碱，但不耐强碱
红色	氧化铁红	有天然和人造两种，遮盖力和着色力较强，有优越的耐光、耐高温、耐大气影响、耐污浊气体及耐碱性能，是较好较经济的红色颜料之一
	甲苯胺红	为鲜艳红色粉末，遮盖力、着色力较高，耐光、耐热、耐酸碱，在大气中无敏感性，一般用于高级装饰工程
蓝色	群青	为半透明鲜艳的蓝色颜料。耐光、耐风雨、耐热、耐碱，但不耐酸，是既好又经济的蓝色颜料之一
	铬蓝	着色力强，耐气候、耐酸，但不耐碱
	酞青蓝	色鲜艳，遮盖力高，着色力比铁蓝高2～3倍，比群青高20倍，耐光、耐热、耐酸、耐碱，但不溶于水和有机溶剂，故不褪色
	钴蓝	为带绿光的蓝色颜料，耐热、耐光、耐酸碱性能较好

续上表

色彩	颜色名称	说明
绿色	铬绿	是铅铬黄和普鲁士蓝的混合物，颜色变动较大，决定于两种成分比例的组合。遮盖力强，耐气候、耐光、耐热性均好，但不耐酸碱
	群青及氧化铁黄配用	—
棕色	氧化铁棕	是氧化铁红和氧化铁黑的机械混合物，有的产品还掺有少量氧化铁黄
紫色	氧化铁紫	可用氧化铁红和群青配用代替
黑色	氧化铁黑	遮盖力、着色力很强，耐光、耐一切碱类，对大气作用也很稳定，是一种既好又经济的黑色颜料之一
	炭黑	根据制造方法不同分为槽黑(俗称硬质炭黑)和炉黑(俗称软质炭黑)两种。装饰工程常用为炉黑一类，性能与氧化铁黑基本相同，仅密度稍小，不易操作
	锰黑	遮盖力颇强
	松烟	采用松材、松根、松枝等在窑内进行不完全燃烧而熏得的黑色烟炱，遮盖力及着色力均好
白色	钛白粉	钛白粉的化学性质相当稳定，遮盖力及着色力都很强，折射率很高，为最好的白色颜料之一

2. 胶料

在抹灰工程中常用的胶料有以下几种。

(1)聚乙烯醇缩甲醛胶。

它又称“108胶”，是以聚乙烯醇与甲醛在酸性介质中进行缩合反应而制得的一种透明水溶液。无臭、无味、无毒，有良好的粘结性能，粘结强度可达0.9 MPa。它在常温下能长期储存，但在低温状态下易发生冻胶。聚乙烯醇缩甲醛胶除了可用于壁纸、墙布的裱糊外，还可用作室内外墙面、地面涂料的配置材料。在普通水泥砂浆内加入108胶后，能提高面层的强度，不粉酥掉面；增强涂层的柔韧性，减少开裂现象；加强涂层与基层之间的黏结性能，不易产生爆皮或脱落。聚乙烯醉缩甲醛在使用时，其掺量不宜超过水泥质量的40%，要用耐碱容器储运。冬天要防止严重受冻而失效，受冻失效后不能使用。

(2)801胶。

801胶是由聚乙烯醇与甲醛在酸性介质中经缩聚反应，再经氨基化后而制得的。它是一种微黄色或五色透明的胶体，具有无毒、不燃、无刺激性气味等特点，它的耐磨性、剥离强度及其他性能均优于108胶。

(3)聚醋酸乙烯乳液。

聚醋酸乙稀乳液俗称白乳胶，是由44%的醋酸乙烯和4%的乙烯醉(分散剂)，以及增韧剂、消泡剂、乳化剂等聚合而成，为乳白色稠厨夜体可用水兑稀，但稀释不宜超过100%，不能用10℃以下的水兑稀。

2)在润湿的加气混凝土板上，喷或甩一道掺有水质量20%的108胶水拌和成的1∶1∶6混合砂浆，要求疙瘩要喷、甩均匀，终凝后浇水养护。待所喷、甩的砂浆与加气混凝土粘结牢固后，方可吊垂直，套方，找规矩，抹底层砂浆。

抹底层砂浆配合比为1∶1∶6混合砂浆，分层施抹，每层厚度宜控制在7～9 mm，打底灰与所冲筋抹平，用大杠横竖刮平，木抹子搓毛，终凝后浇水养护。

3)粘分格条、滴水槽。按图纸上的要求弹线分格、粘条，要求分格条表面横平竖直。

4)抹粘石砂浆，甩石渣粘石。方法与前相同。

5)操作程序。自上而下施工，门窗碹脸、阳台、雨罩等应先粘小面后粘大面，先粘分格条两侧再粘中心部位。大、小面交角处粘石应采用八字靠尺。滴水槽留置的宽度、深度应符合设计要求。

6)修整、处理黑边。粘石灰未终凝前应检查所粘的墙有无缺陷，发现问题应及时修整，如出现黑边，应掸水补粘米粒石处理。

7)起条、勾缝。粘石修好后，及时将分格条、滴水槽起出，并用抹子轻轻地按一下，第二天用素水泥膏勾缝。

8)浇水养护。常温 24 h 后,用喷壶浇水养护。

7.冬期施工

(1)抹灰砂浆应采取保温措施,砂浆上墙温度不应低于+5℃。

(2)抹灰砂浆层硬化初期不得受冻。气温低于+5℃时,室外抹灰应掺入能降低冻结温度的外加剂,其掺量通过试验确定。

(3)用冻结法砌筑的墙,室外抹灰应待其完全解冻后施工,不得用热水冲刷冻结的墙面或消除墙面上的冰霜。

(4)抹灰内不能掺白灰膏,为保证操作可以用同体积粉煤灰代替,以增加和易性。

8.应注意的质量问题

(1)粘石面层不平,颜色不均。粘石灰抹的不平,粘石时用力不均;拍按粘石时抹灰厚的地方按后易出浆,抹灰薄,灰层处出现坑,粘石后按不到。石渣浮在表面颜色较重,而出浆处反白,造成粘石面层有花感,颜色不一致。

(2)阳角及分格条两侧出现黑边。分格条两侧灰干得快,粘不上石渣;抹阳角时没采用八字靠尺,起尺后又不及时修补。分格条处应先粘小面而后再粘大面,阳角粘石应采用八字靠尺,起尺后及时用米粒石修补和处理黑边。

(3)石渣浮动,平触即掉。灰层干得太快,粘石后已拍不动,或拍的劲不够;粘石前底灰上应浇水湿润,粘石后要轻拍,将石渣拍入灰层 2/3。

(4)坠裂。底灰浇水饱和。粘石灰太稀,灰层抹得过厚,粘石时由于石渣的甩打将灰层砸裂下滑产生坠裂。故浇水要适度,且要保证粘石灰的稠度。

(5)空鼓开裂。有两种,一种是底灰与基层之间的空裂;另一种是面层粘石层与底灰之间的空裂。底灰与基体的空裂原因是基体清理不净;浇水不透;灰层过厚,抹灰时没分层施抹。底灰与粘石层空裂主要是由于坠裂引起为多。为防止空裂,一是注意清理,二是注意浇水适度,三要注意灰层厚度及砂浆的稠度。加强施工过程的检查把关。

(6)分格条、滴水槽内不光滑、不清晰主要是起条后不勾缝,应按施工要求认真勾缝。

第二节　聚合物水泥砂浆喷涂施工

【技能要点1】滚涂墙面施工

滚涂墙面构造如图2—1所示。

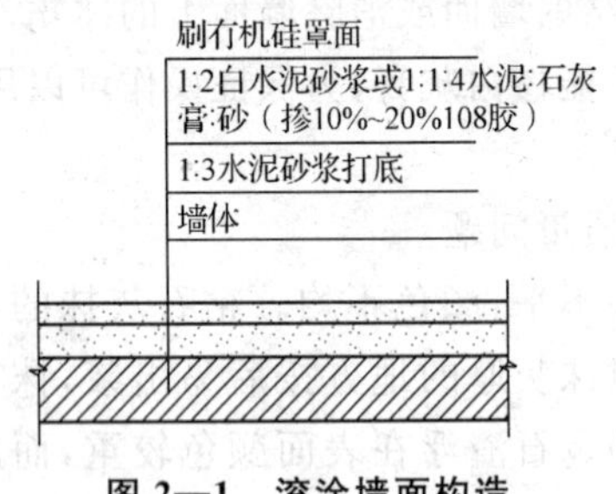

图2—1　滚涂墙面构造

1.分层做法

分层做法如下:

(1)10～13 mm厚水泥砂浆打底,木抹搓平。

(2)粘贴分格条。施工前在分格处先刮一层聚合物水泥浆,滚涂前将涂有聚合物胶水溶液的电工胶布贴上,等饰面砂浆收水后揭下胶布。

(3)3 mm厚色浆罩面,随抹随用辊子滚出各种花纹。

(4)待面层干燥后,喷涂有机硅水溶液。

2.材料及配合比

(1)材料。普通水泥和白水泥,等级不低于32.5级,要求颜色一致。甲基硅醇钠(简称有机硅)含固量30%,pH值为13,相对密度为1.23,必须用玻璃或塑料容器储运;砂子(粒径2 mm左右),胶粘剂,颜料等。

(2)配合比。砂浆配合比因各地区条件、气候不同,配合比也不同。一般用白水泥∶砂为1∶2或普通水泥∶石灰膏∶砂为1∶1∶4,再掺入水泥量的10%～20%108胶和适量的各种矿物颜料。砂浆稠度一般要求在11～12 cm。

抹灰砂浆配合比简介

抹灰砂浆配合比是指组成抹灰砂浆的各种原材料的质量比。抹灰砂浆配合比在设计图纸上均有注明，根据砂浆品种及配合比就可以计算出原材料的用量。抹面砂浆(含勾缝砂浆)常用于砌体表面，在材料配合比组成上，其水泥用量要多于砌筑砂浆。计算步骤是先计算出抹灰工程量(面积)，再查取《全国统一建筑工程基础定额》中相应项目的砂浆用量定额，工程量乘以砂浆用量定额得出砂浆用量，将砂浆用量乘以相应砂浆配合比，即可得出组成原材料用量。

各种抹面砂浆配合比可参考表2—2。抹灰砂浆的使用时应注意以下几点。

(1)水泥中的颜料掺量不得大于水泥质量的15%。

(2)采用水泥砂浆面层时，不得用石灰砂浆、麻刀灰、草泥做底层及中层。抹水泥墙裙和水泥踢脚线，若已抹有石灰砂浆，麻刀灰或草泥底层或中层时，应清除干净。

(3)砂浆应随拌随用，不得存放过久。掺有水泥的砂浆不得超过2 h，其他砂浆不得过夜使用。

(4)落地灰应随时打扫干净，重新拌和使用，以免浪费。

(5)通常情况下，抹面砂浆的体积配合比宜控制在1∶2～1∶3。同时，要求保水性好，并与基底有很好的粘附性。其稠度控制在25～35 mm。

表2—2　各种抹面砂浆配合比参考表

材料	配合比(体积比)	应用范围
石灰∶砂	(1∶2)～(1∶4)	用于砖石墙表面(檐口、勒脚、女儿墙以及潮湿房间的墙除外)
水泥∶石灰∶砂	(1∶0.3∶3)～(1∶1∶6)	墙面混合砂浆打底
水泥∶石灰∶砂	(1∶0.5∶1)～(1∶1∶4)	混凝土顶棚抹混合砂浆打底
水泥∶石灰∶砂	(1∶0.5∶4)～(1∶3∶9)	板条天棚抹灰
石灰∶石膏∶砂	(1∶2∶2)～(1∶2∶4)	用于不潮湿房间的线脚及其他装饰工程
石灰∶水泥∶砂	(1∶0.5∶4.5)～(1∶1∶6)	用于檐口、勒脚、女儿墙外脚以及比较潮湿处

续上表

材料	配合比(体积比)	应用范围
水泥：砂	(1：3)～(1：2.5)	用于浴室、潮湿车间等墙裙、勒脚等或地面基层
水泥：砂	(1：2)～(1：1.5)	用于地面、天棚或墙面面层
水泥：砂	(1：0.5)～(1：1)	用于混凝土地面随时压光
水泥：石膏：砂：锯末	1：1：3：5	用于吸声粉刷
水泥：白石子	(1：2)～(1：1)	用于水磨石(底层用 1：2.5 水泥砂浆)
水泥：白石子	1：(1.5～2)	用于水刷石[打底用 1：(0.5～4)]
水泥：石子	1：1.5	用于斩假石[打底用 1：2(2～2.5)水泥砂浆]
白灰：麻刀	100：2.5(质量比)	用于木板条天棚底层
白灰膏：麻刀	100：1.3(质量比)	用于木板条天棚面层(或100 kg 灰膏加 3.8 kg 纸筋)
纸筋：白灰膏	灰膏 0.1 m^3，纸筋 0.36 kg	较高级墙面天棚

注：本表各项配合比，除有注明者外，水泥、石灰、砂子均为体积比；水灰比为质量比；麻刀、纸筋均为石灰膏质量的百分数。

3. 工具

准备不同花纹的辊子若干，辊子用油印机的胶辊子或打成梅花眼的胶辊，也可用聚氨酯做胶辊，规格不等，一般是 15～25 cm 长。泡沫辊子用 ϕ15 或 ϕ30 的硬塑料做骨架，裹上 10 mm 厚的泡沫塑料，也可用聚氨酯弹性嵌缝胶浇注而成。

4. 操作要点

有垂直滚涂(用于立墙墙面)和水平滚涂(用于顶棚楼板)两种操作方法。滚涂前，应按设计的配合比配料，滚出样板，然后再进行滚涂。

下面对垂直滚涂的操作进行介绍。

(1)打底。用 1：3 的水泥砂浆，操作方法与一般墙面的打底一样，表面搓平搓细即可。对预制阳台栏板，一般不打底，如果偏差太大，则须用1∶3水泥砂浆找平。

(2)贴分格线。先在贴分格条的位置，用水泥砂浆压光，再弹好线，用胶布条或纸条涂抹108胶，沿弹好的线贴分格条。

(3)材料的拌和。按配合比将水泥、砂子干拌均匀，再按量加入108胶水溶液，边加边拌和均匀，拌成糊状，稠度为10～12 cm，拌好后的聚合物砂浆，拉出毛来不流不坠为宜，且应再过筛一次后使用。

(4)滚涂。滚涂时要掌握底层的干湿度，吸水较快时，要适当浇水湿润，浇水量以涂抹时不流为宜。操作时需两人合作。一人在前面涂抹砂浆，抹子紧压刮一遍，再用抹子顺平；另一人拿辊子滚拉，要紧跟涂抹人，否则吸水快时会拉不出毛来。操作时，辊子运行不要过快，手势用力一致，上下左右滚匀，要随时对照样板调整花纹，使花纹一致。并要求最后成活时，滚动的方向一定要由上往下拉，使滚出的花纹，有自然向下的流水坡度，以免日后积尘污染墙面。滚完后起下分格条，如果要求做阳角，一般在大面成活时再进行捋角。

为了提高滚涂层的耐久性和减缓污染变色，一般在滚完面层24 h后喷有机硅水溶液(憎水剂)，喷量看其表面均匀湿润为原则，但不要雨天喷，如果喷完24 h内遇有小雨，会将喷在表面的有机硅冲掉，达不到应有的效果，须重喷一遍。

5.施工注意事项

面层厚为2～3 mm，因此要求底面顺直平正，以保证面层取得应有的效果。

滚涂时若发现砂浆过干，不得在滚面上洒水，应在灰桶内加水将灰浆拌和，并考虑灰浆稠度一致。使用时发现砂浆沉淀要拌匀再用，否则会产生“花脸”现象。

每日应按分格分段做，不能留活槎，不得事后修补，否则会产生花纹或颜色不一致现象。配料必须专人掌握，严格按配合比配料，控制用水量，使用时砂浆应拌匀。尤其是带色砂浆，应对配合比、基层湿度、砂子粒径、含水率、砂浆稠度、滚拉次数等方面严格掌握。

【技能要点 2】喷涂墙面施工

其构造如图 2—2 所示。

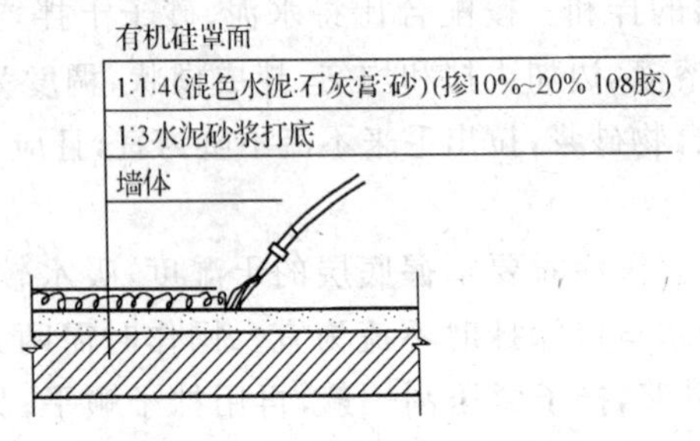

图 2—2　喷涂墙面构造

1. 使用材料与工具

(1)材料。除备用与滚涂一样的材料外,还需备石灰膏(最好用淋灰池尾部挖取的优质灰膏)。

(2)工具。除常备的抹灰工具外,还有 0.3～0.6 m³/min 空气压缩机一台;加压罐一台或柱塞小砂浆泵一台;3 mm 振动筛一个;喷枪、喷斗、25 mm 胶管 30 m 长两条;乙炔气用的小胶管 30 m 长两条;一条 10 m 长的气焊用小胶管;小台秤一台,砂浆稠度仪一台;以及拌料、配料用具。

2. 砂浆拌和

拌料要由专人负责,搅拌时先将石灰膏加少量水化开,再加混色水泥、108 胶,拌到颜色均匀后再加砂子,逐渐加水到需要的稠度,一般 13 cm 为宜。

花点砂浆(成活后为蛤蟆皮式的花点)用量少,每次搅拌量看面积而定,面积较少时少拌;面积大时,每次可多拌一些。

3. 操作方法

(1)打底。砖墙用 1∶3 水泥砂浆打底;混凝土墙板,一般只做局部处理,做好窗口腰线,将现浇时流淌鼓出的水泥砂浆凿去,凹凸不平的表面用 1∶3 水泥砂浆找平,将棱角找顺直,不甩活槎。

喷涂时要掌握墙面的干湿度，因为喷涂的砂浆较稀，如果墙面太湿，会产生砂浆流淌，不吸水，不易成活；太干燥，也会造成粘结力差，影响质量。

(2)喷涂。单色底层喷涂的方法是先将清水装入加压罐，加压后清洗输送系统。然后将搅拌好的砂浆通过 3 mm 孔的振动筛，装满加压罐或加入柱塞泵料斗，加压输运充满喷枪腔；砂浆压力达到要求后，打开空气阀门及喷枪气管扳机，这时压缩空气带动砂浆由喷嘴喷出。喷涂时，喷嘴应垂直墙面，根据气压大小和墙面的干湿度，决定喷嘴与墙面的距离，一般为 15～30 cm。要直视直喷，喷涂遍数要以喷到与样板颜色相同，并均匀一致为止。

在各遍喷涂时，如有局部流淌，要用木抹子抹平或刮去重喷。只能一次喷成，不能补喷。喷涂成活厚度一般在 3 mm 左右。喷完后要将输运系统全部用水压冲洗干净。如果中途停工时间超过了水泥的凝结时间，要将输送系统中的砂浆全部放净。

喷花点时，直接将砂浆倒入喷斗就可开气喷涂。根据花点粗细疏密要求的不同，砂浆稠度和空气压力也应有所区别。喷粗疏大点时，砂浆要稠，气压要小；喷细密小点时，砂浆要稀，气压要大。如空气压缩机的气压保持不变，可用喷气阀和开关大小来调节。同时要注意直视直喷，随时与样板对照，喷到均匀一致为止。

涂层的接槎分块，要事先计划安排好，根据作业时间和饰面分块情况，事先计算好作业面积和砂浆用量，做一块完一块，不要甩活槎，也不要多剩砂浆造成浪费。

饰面的分隔缝可采用刮缝做法。待花点砂浆收水后，在分隔缝的一侧用手压紧靠尺，另一手拿铁皮做刮子，刮掉已喷上去的砂浆，露出基层，将灰缝两侧砂浆略加修饰就成分隔缝，宽度以 2 cm 为宜。成活 24 h 后，可喷一层有机硅，要求与滚涂相同。

4.操作注意事项

(1)灰浆管道产生堵塞而又不能马上排除故障时，要迅速改用喷斗上料继续喷涂，不留接槎，直到喷完一块为止，以免影响质量。

(2)要掌握好石灰膏的稠度和细度。应将所用的石灰膏一次上齐，并在不漏水的池子里和匀，做样板和做大面均用含水率一样的石膏，否则会产生颜色不一的现象，使得装饰效果不够理想。

(3)基层干湿程度不一致，表面不平整。因此造成喷涂干的部分吸收色浆多，湿的部分吸收色浆少；凸出部分附着色浆少，凹陷的部分附着色浆多，故墙面颜色不一。

(4)喷涂时要注意把门窗遮挡好，以免被污染。

(5)注意打开加压罐时，应先放气，以免灰浆喷出造成伤人事故。

(6)拌料的数量不要一次拌得太多，若用不完变稠后又加水重拌，这样不仅使喷料强度降低，且影响涂层颜色的深浅。

(7)操作时，要注意风向、气候、喷射条件等。在大风天或下雨天施工，易喷涂不匀。喷射条件、操作工艺掌握不好，如粒状喷涂，喷斗内最后剩的砂浆喷出时，速度太快，会形成局部出浆，颜色即变浅，出现波面、花点。

【技能要点3】弹涂饰面施工

1. 使用材料与配合比

(1)材料。

1)甲基硅树脂。是生产硅的下脚料，通过水解与醇解制成。

2)水泥。普通硅酸盐水泥或白水泥，108胶作胶粘剂。

3)颜料。采用无机颜料，掺入水泥内调制成各种色浆，掺入量不超过水泥质量的5%。

(2)配合比。弹涂砂浆配合比见表2—3。

表2—3 弹涂砂浆配合比(质量比)

项 目	水 泥	颜料	水	108胶
刷底色浆	普通硅酸盐水泥100	适量	90	20
刷底色浆	白水泥100	适量	80	13
弹花点	普通硅酸盐水泥100	适量	55	14
弹花点	白水泥100	适量	45	10

2.机具

除常用抹灰工具外，还需有弹力器。弹力器分手动与电动两种，手动弹力器较为灵活方便，适宜于在墙面需要连续弹撒少量深色色点时使用，构造如图 2—3 所示。电动弹力器适用于大面积墙弹底色色点和中间色点时使用，弹时速度快，效率高，弹点均匀。电动弹力器构造主要由传动装置和弹力筒两部分组成。

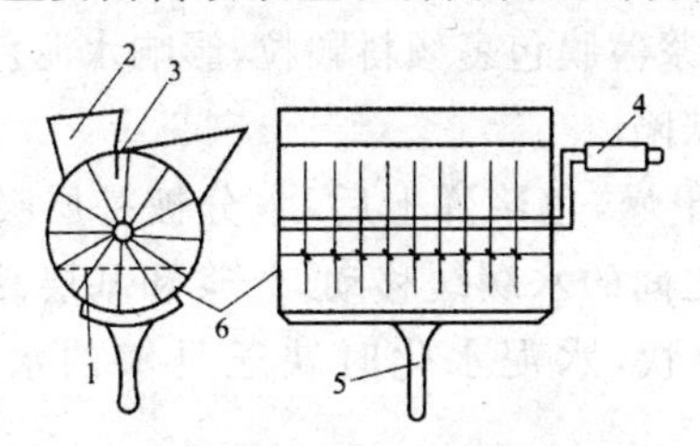

图 2—3　手动弹力器

1—弹棒；2—进料口；3—挡棍；4—摇把；5—手柄；6—容器

3.操作方法

(1)打底。用 1∶3 水泥砂浆打底，操作方法与一般墙面一样，表面用木抹子搓平。预制外墙板、加气板等墙面、表面较平整，将边角找直，局部偏差较大处用 1∶2.5 水泥砂浆局部找平，然后粘贴分格条。

(2)涂底色浆。将色浆配好后，用长木把毛刷在底层刷涂一遍，大面积墙面施工时，可采用喷浆器喷涂。

(3)弹色点面层。把色浆放在筒形弹力器内(不宜太多)，弹点时，按色浆分色每人操作一种色浆，流水作业，即一人弹第一种色浆后，另一人紧跟弹另一种色浆。弹点时几种色点要弹得均匀，相互衬托一致，弹出的色浆应为近似圆粒状。弹点时，若出现色浆下流、拉丝现象，应停止操作，调整胶浆水灰比。一般出现拉丝现象，是由于胶液过多，应加水调制；出现下流时，应加适量水泥，以增加色浆的稠度。若已出现上述结果，可在弹第二道色点时遮盖分解。随着自然气候温度的变化，须随时将色浆的水灰比进行相应调整。可事先找一块墙面进行试弹，调至弹出圆状粒点为止。

(4)罩面。色点面层干燥后,随即喷一道甲基硅树脂溶液罩面。配制甲基硅树脂溶液是先将甲基硅树脂中加入1/1 000(质量比)的乙醇胺搅拌均匀。再置入密闭容器中储存,操作时要加入一倍酒精,搅拌均匀后即可喷涂。

4.施工注意事项

(1)水泥中不能加颜料太多,因颜料是很细的颗粒,过多会缺乏足够厚的水泥浆薄膜包裹颜料颗粒,影响水泥色浆的强度,易出现起粉、掉色等缺陷。

(2)基层太干燥,色浆弹上后,水分被基层吸收,基层在吸水时,色浆与基层之间的水缓缓移动,色浆和基层黏结不牢;色浆中的水被基层吸收快,水泥水化时缺乏足够的水,会影响强度的发展。

(3)弹涂时的色点未干,就用聚乙烯醇缩丁醛或甲基硅树脂罩面,会将湿气封闭在内,诱发水泥水化时析出白色的氢氧化钙,即为析白。而析白是不规则的,所以,弹涂的局部会变色发白。

【技能要点4】石灰浆喷刷

1.材料要求

(1)生石灰块或生石灰粉。用于普通刷(喷)浆工程。

(2)大白粉。建材商店有成品供应,有方块和圆块之分,可根据需要购买。

(3)可赛银。建材商店有成品供应。

(4)建筑石膏粉。建材商店有供应,是一种气硬性的胶结材料。

(5)滑石粉。要求细度,过140～325目,白度为90%。

(6)胶粘剂。聚乙酸乙烯乳液、羧甲基纤维素、面粉等。

(7)颜料。氧化铁黄、氧化铁红、群青、锌白、铬黄、铬绿等,耐碱、耐气候影响的各种矿物颜料。

(8)其他。用于一般刷石灰浆的食盐,用于普通大白浆的火碱,白水泥或普通水泥等。

2.主要机具

一般应备有手压泵或电动喷浆机、大浆桶、小浆桶、刷子、排笔、开刀、橡胶刮板、塑料刮板、0 号及 1 号木砂纸、50～80 目铜丝箩、浆罐、大小水桶、橡胶管、钳子、铅丝、腻子槽、腻子托板、笤帚、擦布、棉丝等。

3. 作业条件

(1)室内抹灰工的作业已全部完成，墙面应基本干燥，基层含水率不得大于 10%。

(2)室内水暖管道、电气预埋预设均已完成，且完成管洞处抹灰活的修理等。

(3)油工的第一遍油已刷完。

(4)大面积施工前应事先做好样板间，经有关质量部门检查鉴定合格后，方可组织班组进行大面积施工。

(5)冬期施工室内刷(喷)浆工程，应在采暖条件下进行，室温保持均衡，一般室内温度不宜低于+10℃，相对湿度为 60%，不得突然变化。同时应设专人负责测试和开关门窗，以利通风排除湿气。

4. 工艺流程

基层处理→喷、刷胶水→填补缝隙、局部刮腻子→石膏墙面拼缝处理→满刮腻子→刷、喷第一遍浆→复找腻子→刷、喷第二遍浆→刷、喷交活浆。

5. 施工要点

(1)基层处理。混凝土墙表面的浮砂、灰尘、疙瘩等要清除干净，表面的隔离剂、油污等应用碱水(火碱：水为 1：10)清刷干净，然后用清水冲洗掉墙面上的碱液等。

(2)喷、刷胶水刮腻子之前在混凝土墙面上先喷、刷一道胶水(质量比为水：乳液为 5：1)，要注意喷、刷要均匀，不得有遗漏。

(3)填补缝隙、局部刮腻子，用水石膏将墙面缝隙及坑洼不平处分别找平，并将野腻子收净，待腻子干燥后用 1 号砂纸磨平，并把浮尘等扫净。

(4)石膏板墙面拼缝处理。接缝处应用嵌缝腻子填塞满，上糊一层玻璃网格布或绸布条，用乳液将布条粘在拼缝上，粘条时应把布拉直、糊平，并刮石膏腻子一道。

(5)满刮腻子。根据墙体基层的不同和浆活等级要求的不同，刮腻子的遍数和材料也不同。一般情况为三遍，腻子的配合比为质量比，有两种，一是适用于室内的腻子，其配合比是聚乙酸乙烯乳液(即白乳胶)∶滑石粉或大白粉∶2%羧甲基纤维素溶液为1∶5∶3.5；二是适用于外墙、厨房、厕所、浴室的腻子，其配合比是聚乙酸乙烯乳液∶水泥∶水为1∶5∶1。刮腻子时应横竖刮，并注意接槎和收头时腻子要刮净，每遍腻子干后应磨砂纸，将腻子磨平磨完后将浮尘清理干净。如面层要涂刷带颜色的浆料时，则腻子也要掺入适量与面层带颜色相协调的颜料。

(6)刷、喷第一遍浆。刷、喷浆前应先将门窗口圈用排笔刷好，如墙面和顶棚为两种颜色时应在分色线处用排笔齐线并刷 20 cm 宽以利接槎，然后再大面积制喷浆。刷、喷顺序应先顶棚后墙面，按先上后下顺序进行。如喷浆时喷头距墙面宜为 20～30 cm，移动速度要平稳，使涂层厚度均匀。如顶板为槽型板时，应先喷凹面四周的内角再喷中间平面，浆活配合比与调制方法如下。

1)调制石灰浆。

①将生石灰块放入容器内加入适量清水，等块灰熟化后再按比例加入相应的清水。其配合比生石灰∶水为1∶6(质量比)。

②将食盐化成盐水，掺盐量为石灰浆质量的0.3%～0.5%，将盐水倒入石灰浆内搅拌均匀后，再用 50～60 目的铜丝箩过滤，所得的浆液即可施喷、刷。

③采用生石灰粉时，将所需生石灰粉放入容器中直接加清水搅拌，掺盐量同上，拌匀后，过箩使用。

2)调制大白浆。

①将大白粉破碎后放入容器中，加清水拌和成浆，再用 50～60 目的铜丝箩过滤。

②将羧甲基纤维素放入缸内，加水搅拌使之溶解。其拌和的配合比是羧甲基纤维素∶水为1∶40(质量比)。

③聚乙酸乙烯乳液加水稀释与大白粉拌和，其掺量比例是大

白粉：乳液为10：1。

④将以上三种浆液按大白：乳液：纤维素为100：13：16混合搅拌后，过80目铜丝箩，拌匀后即成大白浆。

⑤如配色浆，则先将颜料用水化开，过箩后放入大白浆中。

3)配可赛银浆。将可赛银粉末放入容器内，加清水溶解搅匀后即为可赛银浆。

(7)复找腻子。第一遍浆干后，对墙面上的麻点、坑洼、刮痕等用腻子重新复找刮平，干后用细砂纸轻磨，并把粉尘扫净，达到表面光滑平整。

(8)刷、喷第二遍浆。方法同上。

(9)刷、喷交活浆。待第二遍浆干后，用细砂纸将粉尘、溅沫、喷点等轻轻磨去，并打扫干净，即可刷、喷交活浆。交活浆应比第二遍浆的胶量适当增大一点，防止刷、喷浆的涂层掉粉，这是必须做到和满足的项目要求。

(10)刷、喷内墙涂料和耐擦洗涂料等。其基层处理与喷刷浆相同，面层涂料使用建筑产品时，要注意外观检查，并参照产品使用说明书去处理和涂刷即可。

(11)室外刷、喷浆。

1)砖混结构的外窗台、碹脸、窗套、腰线等部位涂刷白水泥浆的施工方法。

①需要涂刷的窗台、碹脸、窗套、腰线等部位在抹罩面灰时，应趁湿刮一层白水泥膏，使之与面层压实并结合在一起，将滴水线(槽)按规矩预先埋设好，并趁灰层未干，紧接着涂刷第一遍白水泥浆(配合比为白水泥加水质量20%的108胶的水溶液拌匀成浆液)，涂刷时可用油刷或排笔，自上而下涂刷，要注意应少蘸勤刷，严防污染。

②第一天要涂刷第二遍，达到涂层表面无花感且盖底为止。

2)预制混凝土阳台底板、阳台分户板、阳台栏板涂刷。

①一般习惯做法。清理基层，刮水泥腻子1～2遍找平，磨砂纸；再复找水泥腻子，刷外墙涂料，以涂刷均匀且盖底为交活。

②根据室外气候变化影响大的特点，应选用防潮及防水涂料施涂。清理基层，刮聚合物水泥腻子1～2遍（配合比为用水质量20%的108胶水溶液拌和水泥，成为膏状物），干后磨平，对塌陷之处重新补平，干后磨砂纸。涂刷聚合物水泥浆（用水质量20%的108胶水溶液拌水泥，辅以颜料后成为浆液）。或用防潮、防水涂料进行涂刷。应先刷边角，再刷大面，均匀地涂刷一遍，待干后再涂刷第二遍，直至交活为止。

6.施工注意事项

(1)刷(喷)浆工程整体或基层的含水率。混凝土和抹灰表面施涂水性和乳液浆时，含水率不得大于10%，防止脱皮。

(2)刷(喷)装工程使用的腻子，应坚实牢固，不得粉化、起皮和裂纹。外墙、厨房、浴室及厕所等需要使用涂料的部位和木地（楼）板表面需使用涂料时，应使用具有耐水性能的腻子。

(3)刷(喷)浆表面粗糙。主要原因是基层处理不彻底，如打磨不平、刮腻子时没将腻子收净，干燥后打磨不平、清理不净，大白粉细度不够，喷头孔径大等，造成表面浆颗粒粗糙。

(4)利用冻结法抹灰的墙面不宜进行涂刷。

(5)涂刷聚合物水泥浆应根据室外温度掺入外加剂，外加剂的材质应与涂料材质配套，外加剂的掺量应由试验决定。

(6)冬期施工所使用的外涂料，应根据材质使用说明和要求去组织施工及使用，严防受冻。

(7)浆皮开裂。主要原因是基层粉尘没清理干净，墙面凸凹不平，腻子超厚或前道腻子未干透紧接着刮二道腻子，这使腻子干后收缩形成裂缝结果把浆皮拉裂。

(8)透底。主要原因是基层表面太光滑或表面有油污没清洗干净，浆刷(喷)上去固化不住，或由于配浆时稠度掌握不好，浆过稀，喷几遍也不盖底。要求喷浆前将混凝土表面油污清刷干净，浆料稠度要合适，刷(喷)浆时设专人负责，喷头距墙20～30 cm，移动速度均匀，不漏喷等。

(9)脱皮。刷(喷)浆层过厚，面层浆内胶量过大，基层胶量少强度低，干后，面层浆形成硬壳使之开裂脱皮。因此，应掌握浆内胶的用量，为增加浆与基层的粘结强度，可在刷(喷)浆前先刷(喷)一道胶水。

(10)泛碱、咬色。主要原因是墙面潮湿或墙面干湿不一致；因赶工期浆活每遍跟得太紧，前道浆没干就喷刷下道浆；或因冬施工室内生火炉后墙面泛黄；还有的由于室内跑水、漏水后形成的水痕。解决办法是，冬施取暖采用暖气或电炉，将墙面烘干，浆活遍数不能跟得太紧，应遵循合理的施工顺序。

(11)流坠。主要原因是路面潮湿，浆内胶多不易干燥，喷刷浆过厚等。应待墙面干后再刷(喷)浆，刷(喷)浆时最好设专人负责，喷头要均匀移动。配浆要设专人掌握，保证配合比正确。

(12)石膏板墙缝处开裂。主要原因是安装石膏板不按要求留置缝隙；对接缝处理马虎从事，不按规矩粘贴玻璃网格布，不认真用嵌缝腻子进行嵌缝。造成腻子干后收缩拉裂。

(13)室外刷(喷)浆与油漆或涂料接槎处分色线不清晰。主要原因是技术素质差，施工时不认真。

(14)掉粉。主要原因是面层浆液中胶的用量少，为解决掉粉的问题，可在原配好的浆液内多加一些乳液使其胶量增大，用新配的浆液在掉粉的面层上重新刷(喷)一道(此道胶俗语叫"来一道扫胶")即可。

第三节　清水墙面勾缝

【技能要点1】施工工艺

1. 工艺流程

基层处理→开、补缝→勾缝→清扫、养护

2. 操作工艺

(1)基层处理。

包括墙面清理和浇水湿润两项内容。墙面清理即把墙面尘土、污垢、油渍应清除干净；为防止砂浆早期脱水，在勾缝前一天将墙面浇水湿润，天气特别干燥时，勾缝前可再适量浇水，但不宜太湿。

(2)开、补缝。

首先要用粉线袋弹出立缝垂直线和水平线，以弹出的粉线为依据对不合格立缝和水平缝进行开缝。黏土砖清水墙，缝宽10 mm，深度控制在10～12 mm。开缝后，将缝内残灰、杂物等清除干净；料石清水墙开缝，要求缝宽达15～20 mm，深度15～20 mm，要求缝平整、深浅一致。

(3)勾缝。

1)勾缝使用1∶1水泥细砂砂浆或水泥∶粉煤灰∶细砂的混合砂浆为2∶1∶3。石材墙面采用水泥∶中砂的水泥砂浆为1∶2。水泥砂浆稠度以勾缝溜子挑起不掉为宜。勾缝砂浆应随拌随用，不得使用过夜砂浆。

2)一般勾缝有四种形式，即平缝、斜缝、凹缝、凸缝，如图2—4所示。

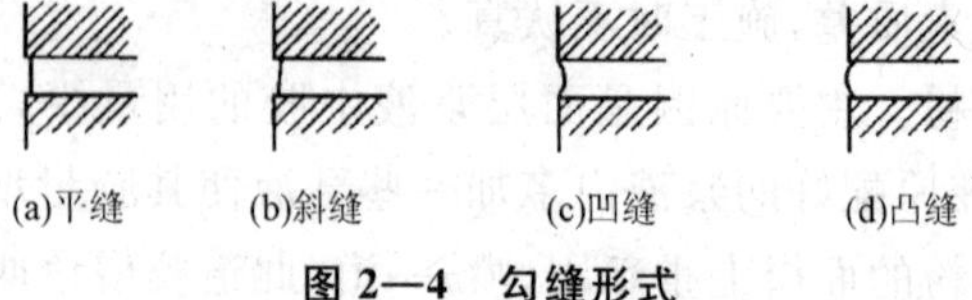

图2—4　勾缝形式

3)平缝操作简单，不易剥落，墙面平整，不易纳垢，特别是在空斗墙勾缝时应用最普遍。如设计无特殊要求，砖墙勾缝宜采用平缝。平缝有深浅之分，深的比墙面凹进3～5 mm，采用加浆勾缝方法，多用于外墙；浅的与墙面平，采用原浆勾缝，多用于内墙。

4)清水砖墙勾缝也有采用凹缝的，凹缝深度一般为4～5 mm。石墙勾缝应采用凸缝或平缝，毛石墙勾缝应保持砌筑的自然缝。勾缝时用溜子把灰挑起来填嵌，俗称“叨缝”，主要是为了防止托灰板沾污墙面，但工效太低。

5)喂缝方法是将托灰板顶在墙水平缝的下口，边移动托灰板，边用溜子把灰浆推入砖缝，用长溜子来回压平整。外墙一般采用喂缝方法勾成平缝。凹进墙面3～5 mm，从上而下，自右向左进行，先勾水平缝，后勾立缝。要做到阳角方正，阴角处不能上下直通和瞎缝。水平缝和竖缝要深浅一致，密实光滑，接处平顺。

6)要在墙面下铺板，接下落地灰拌和后再使用。

(4)清扫、养护。

勾缝完毕，及时检查有无丢缝现象，特别是细节部位，如勒脚、腰线过梁上第一皮以及门窗框边侧，如发现漏掉的，要及时补勾。稍干，即用扫帚清扫墙面，特别是墙面上下棱边的余灰及时扫掉。“三分勾，七分扫”说明了清扫的重要性。全部工作完毕后，要注意加强养护，天气特别干燥时，可适当浇水，并注意成品保护。

【技能要点 2】质量标准

1.一般规定

(1)相同材料、工艺和施工条件的室外勾缝工程每 500～1 000 m^2 应划分为一个检验批，不足 500 m^2 也应划分为一个检验批。

(2)相同材料、工艺和施工条件的室内勾缝工程每 50 个自然间(大面积房间和走廊按抹灰面积 30 m^2 为一间)应划分为一个检验批，不足 50 间也应划分为一个检验批。

①室内每个检验批应至少抽查 10%，并不得少于 3 间；不足 3 间时应全数检查。

②室外每个检验批每 100 m^2 应至少抽查 1 处，每处不得小于 10 m^2。

2.主控项目

(1)清水砌体勾缝所用水泥的凝结时间和安定性复验应合格。砂浆的配合比应符合设计要求。

检验方法：检查复验报告和施工记录。

(2)清水砌体勾缝应无漏勾。勾缝材料应粘结牢固、无开裂。

检验方法：观察。

3.一般项目

(1)清水砌体勾缝应横平竖直，交接处应平顺，宽度和深度应均匀，表面应压实抹平。

检验方法:观察;尺量检查。

(2)灰缝应颜色一致,砌体表面应洁净。

检验方法:观察。

第三章　镶贴施工技术

第一节　装饰饰面砖施工技术

【技能要点1】内墙瓷砖施工

1. 工艺流程

打底子 → 选砖、润砖 → 弹线找规矩 → 排砖搿底 → 镶贴标筋 → 镶粘 → 大面 → 找破活、勾缝 → 养护

2. 操作工艺

(1)打底子。

1)瓷砖在粘贴前要对结构进行检查。墙面上如有穿线管等，要把管头用纸塞堵好，以免施工中落入灰浆。有消火栓、配电盖箱等的背面钢板网要钉牢，并先用混合麻刀灰浆抹黏结层后，用小砂子灰刮勒入底子灰中，与墙面基层一同打底。

2)打底的做灰饼、挂线、充筋、装档刮平等程度可参照水泥砂浆抹墙面的打底部分。打底后要在底子灰上划毛以增强与面层的黏结力。打底的要求应按高级抹灰要求，偏差值要极小。

(2)选砖、润砖。

1)瓷砖贴前要对不同颜色和尺寸的砖进行筛选，选砖的办法可以用肉眼及借助选砖样框和米尺共同挑选。

2)瓷砖在使用前要进行润砖。润砖是一个经验性很强的过程。润砖可以用大灰槽或大桶等容器盛水，把瓷砖浸泡在内，一般要 1 h 左右方可捞出，然后单片竖向摆开阴晾至底面抹上灰浆时，能吸收一部分灰浆中的水分，而又不致把灰浆吸干时使用。

在实际工作中，这个问题是个关键的问题，其对整个粘贴质量有着极大的影响。如果浸泡时间不足，砖面吸水力较强，抹上灰浆

后，灰浆中的水分很快被砖吸走，造成砂浆早期失水，产生粘贴困难或空鼓现象。

如果浸泡过度，阴晾不足时，灰浆抹在砖上后，砂浆不能及时凝结，粘贴后易产生流坠现象，影响施工进度，而且灰浆与面砖间有水膜隔离层，在砂浆凝固后造成空鼓。所以掌握瓷砖的最佳含水率是保证质量的前提。

有经验的工人往往可以根据浸、晾的时间，环境，季节，气温等多种复杂的综合因素，比较准确地估计出瓷砖最佳含水率。由于这是一个比较复杂、含有很多影响因素的问题，所以不能单从浸泡时间或阴干时间来判定，希望在工作中多动脑，多观察，积累一定的经验，可以通过手感、质量、颜色等特征，进行比较准确的判断。关于浸砖、晾砖的劳动过程要在粘贴前进行，不然可能对工期有影响。

(3)弹线投规矩。

弹线时首先要依给定的标高或自定的标高在房间内四周墙上，弹一圈判闭的水平线，作为整个房间若干水平控制线的依据。

(4)排砖撂底。

1)然后依砖块的尺寸和所留缝隙的大小，从设计粘贴的最高点，向下排砖，半砖(破活)放在最下边。再依排砖，在最下边一行砖(半条砖或可能是整砖)的上口，依水平线反出一圈最下一行砖的上口水平线。这样认为竖向排砖已经完成，可以进行横向排砖。

2)如果采用对称方式时，要横向用米尺，找出每面墙的中点(要在弹好的最下一匹砖上口水平线上画好中点位置)，从中点按砖块尺寸和留缝向两边阴(阳)角排砖。

3)如果采用的是一边跑的排砖法，则不需找中点，要从墙一边(明处)向另一边阴角(不显眼处)排去。排砖也可以通过计算的方法来进行。

4)如竖向排砖时，以总高度除以砖高加缝隙所得的值为竖向要粘贴整砖的行数，余数为边条尺寸。如横向排砖时一面跑排砖，则以墙的总长除以砖宽加缝隙，所得的商为横向要粘贴的整砖块数，余数为边条尺寸。

5)依规范要求。小于 3 cm 的边条不准许使用，所以在排砖后阴角处如果出现小于 3 cm 边条时要把与边条邻近的整砖尺寸加上边条尺寸除以 2 后得的商为两竖列大半砖的尺寸，粘贴在阴角附近(即把一块整砖和一块小条砖，改为两块大半砖)。

6)在排砖中，如果设计采用阴阳角条、压顶条等配件砖，在找规矩排砖时要综合考虑。计算虽然稍微复杂些，但也不是很难。如果有门窗口的墙，有时为了门窗口的美观，排砖时要从门窗口的中心考虑，使门窗口阳角外侧的排砖两边对称。有时一面墙上有几个门窗口及其他的洞口时，这样需要综合考虑，尽量要做到合理安排，不可随意乱排。要从整体考虑，要有理有据。

依上所述在横、竖向均排完砖。弹完最下一行砖的上口水平控制线后，再在横向阴角边上一列砖的里口竖向弹上垂直线。每一面墙上这两垂一平的三条线是瓷砖粘贴施工中的最基本控制线，是必不可少的。另外在墙上竖向或横向以某行或某列砖的灰缝位置弹出若干控制线也是必要的，以防在粘贴时产生歪斜现象。所弹的若干水平或垂直控制线的数量要依墙的面积和操作人员的工作经验、技术水平而决定，一般墙的面积大要多弹，墙面积小可少弹。操作人员经验丰富、技术水平高可以不用弹或少弹，否则需要多弹。弹完控制线后，要依最下一行砖上口的水平线而铺垫一根靠尺或大杠，使之水平，且与水平线平行，下部用砂或木板垫平。

(5)粘贴瓷砖。

粘贴用料种类较多，这里以采用素水泥中掺加水质量 30%的 108 胶聚合物灰浆为例。

1)粘贴时用左手取浸润阴干后的瓷砖，右手拿鸭嘴之类的工具，取灰浆在砖背面抹 3～5 mm 厚，要抹平，然后把抹过灰浆的瓷砖粘贴在相应的位置上，左手五指叉开，五角形按住砖面的中部，轻轻揉压至平整，灰浆饱满为止。

2)要先粘垫铺靠尺上边的一行，高低方向以坐在靠尺上为准，左右方向以排砖位置为准，逐块把最下一行粘完。横向可用靠尺靠平或拉小线找平。

3)然后在两边的垂直控制线外把裁好的条砖或整砖,在2 m左右高度依控制线粘上一块砖,用托线板把垂直控制线外上边和下边两块砖挂垂直,作为竖直方向的标筋。这时可以依标筋的上下两块砖一次把标筋先粘贴好,或把标筋先粘出一定高度作为中间粘大面的依据。

4)大面的粘贴可依两边的标筋从下向上逐行粘贴而成。每行砖的高低要在同一水平线上;每行砖的平整要在同一直线上;相邻两砖的接缝高低要平整;竖向留缝要在一条线上。水平缝用专用的垫缝工具或用两股小线拧成的线绳垫起。线绳有弹性可以调整高低。

5)如果有某块砖高起时,只要轻压上边棱,就可降下。如有过低者,可以把线绳放松,弯曲或叠折压在缝隙内,以解决水平方向的平直问题。平整问题如有过于突出的砖块用手揉不下时,可以用鸭嘴把敲振平实,然后调正位置。

6)大面粘贴到一定高度,下几行砖的灰浆已经凝固时,可拉出小线捋去灰浆备用,一面墙粘贴到顶或一定高度,下边已凝结可拆除下边的垫尺,把下边的砖补上。且每贴到与某控制线相当高度时,要依控制线检验,发现问题及时解决,以免造成问题过大,不好修整。

7)内墙瓷砖在粘贴的过程中有时由于面积比较大,施工时间比较长,所以要对拌和好的灰浆经常搅动,使其经常保持良好的和易性,以免影响施工进度和质量。经浸泡和阴干的砖,也要视其含水率的变化而采取相应的措施。防止较干的砖上墙,以免造成施工困难和空鼓事故。要始终让所用的砖和灰浆,保持在最佳含水率和良好的和易性及理想稠度状态下进行粘贴,才能对质量有所保证。

(6)找破活、勾缝。

1)待一面墙或一个房间全部整活粘贴完后应及时将破活补上(也可随整砖一同镶)。第二天用喷浆泵喷水养护。

2)3 d后,可以勾缝。勾缝可以采用粘结层灰浆或勾缝剂,也可以减少108胶的使用量或只用素水泥浆。但稠度值不要过大，以免灰浆收缩后有缝隙不严和毛糙的感觉。勾缝时要用柳叶抹一类的小工具，把缝隙内填满塞严，然后捋光。一般多勾凹入缝，勾完缝后要把缝隙边上的余浆刮干净，用干净布把砖面擦干净。最好在擦完砖面后，用柳叶抹再把缝隙灰浆捋一遍光。

(7)养护。

第二天用湿布擦抹养护，每天最少2～3次。

【技能要点2】陶瓷锦砖施工

1. 工艺流程

基层处理 → 弹线找规矩 → 刮板子(填缝) → 粘贴陶瓷锦砖、揭纸修整 → 勾缝 → 养护

2. 操作工艺

(1)基层处理。

陶瓷锦砖粘贴前要对基层进行清理、打底。

(2)弹线找规矩。

陶瓷锦砖墙面在粘贴前要对打好的底子进行洒水润湿，然后在底子灰上找规矩，弹控制线，如果设计要求有分格缝时，要依设计先弹分格线，控制线要依墙面面积、门窗口位置等综合考虑，排好砖后，再弹出若干垂直和水平控制线。

(3)填缝。

粘贴时，要把四张陶瓷锦砖纸面朝下平拼在操作平台上，再用1∶1水泥砂子干粉撒在陶瓷锦砖上，用干刷子把干粉扫入缝隙内，填至1/3缝隙高度。而后，用掺加水质量30％的108胶水泥胶浆或素水泥浆，把剩下的2/3缝隙抹填平齐。这时由于缝隙下部有干粉的存在，马上可以把填入缝隙上部的灰浆吸干，使原来纸面陶瓷锦砖软板变为较挺实的硬板块。

(4)粘贴。

一人在底子灰上，用掺加30％水质量的108胶搅拌成的水泥108胶聚合物灰浆涂抹粘结层。粘结层厚度为3 mm，灰浆稠度为

6~8度，粘结层要抹平，有必要时要用靠尺刮平后，再用抹子走平。后边跟一人用双手提住填过缝的陶瓷锦砖的上边两角，粘贴在粘结层的相应位置上，要以控制线找正位置，用木拍板拍平、拍实，也可用平抹子拍平。一般要从上向下、从左到右依次粘贴，也可以在不同的分格块内分若干组同时进行。

1)遇分格条时，要放好分格条后继续粘贴。每两张陶瓷锦砖之间的缝隙，要与每张内块间缝隙相同。粘贴完一个工作面或一定量后，经拍平、拍实调整无误后，可用刷子蘸水把表面的背纸润湿。

2)过半小时后如纸面均已湿透，颜色变深时，把纸揭掉。检查一下缝子是否有变形之处，如果有局部不理想时，要用抹子拍几下，待粘结层灰浆发软，陶瓷锦砖可以游动时，用开刀调整好缝隙，用抹子拍平、拍实，用干刷子把缝隙扫干净。

3)由于没粘贴前已在缝隙中分层灌入干粉和抹填了灰浆，使得陶瓷锦砖在粘贴中板块挺实便于操作，而且缝隙中不能再挤入多余的灰浆造成污染面层，同时在粘贴的拍移中不会产生挤缝的现象，粘贴后经揭纸、扫缝，如有个别污染的要用棉丝擦净。

(5)勾缝。

要用喷浆泵喷水润湿，而后用素水泥浆刮抹表面，使缝隙被灰浆填平，稍待用潮布把表面擦干净即可。

如果是地面，也可以采用同样的方法，在打底后，用水泥108胶聚合物灰浆如上粘贴。但在打底时要注意地面有泛水要求的要在打底时打出坡度。

【技能要点3】陶瓷地砖施工

1. 基层处理、弹线、找规矩

养护后，在打好的底子灰上找规矩弹控制线，找规矩的方法可依照水磨石板地面找规矩的方法。

2. 粘贴

(1)粘贴时，把浸过水阴干后的地砖，用掺加30%水质量的108胶搅和的聚合物水泥胶浆涂抹在砖背面。要求抹平，厚度为

3～5 mm，灰浆稠度可控制在5～7度。

(2)然后，把抹好灰浆的板材轻轻平放在相应的位置上，用手按住砖面，向前、后、左、右四面分别错动、揉实。错动时幅度不要过大，以5 mm为宜。边错动，边向下压。目的是把粘结层的灰浆揉实，将气泡揉出，使砖下的灰浆饱满，如果板画仍然较小线高出，可用左手轻扶板的外侧，右手拿橡胶锤以适度的力量振平、振实。

(3)在用橡胶锤敲振的同时，如果板材有移动偏差要用左手随时扶正。

(4)每块砖背面抹灰浆时不要抹得太多，要适量，操作过程中，砖面上要保持清洁，不要沾染上较多的灰浆。如果有残留的灰浆要随时用棉丝擦干净。

(5)周边的条砖最好随大面，边切割边粘贴完毕。

(6)如果地坪中有地漏的地方要找好泛水坡度，地漏边上的砖要切割得与地漏的铁箅子外形尺寸相符合，保证美观。

(7)如果是大厅内地砖的铺设，且中部又有大型花饰图案块材。该处的镶铺应在大面积地面铺完后进行，留出的面积要大于图案块材的面积，以便有一定的操作面。

1)镶铺时先在相应的部位抹上一道聚合物灰浆，涂抹的面积要大于板材面积。涂抹后要用靠尺刮平，涂抹的厚度应为板虚铺后高出设计标高3 mm为宜。

2)然后应在抹平的粘结层上划出若干道沟槽，随即抬起板材轻轻平放在相应位置上，视板材的大小分别由两人或四人位于板材两边两手叉开平放在板边向里20～30 cm左右，协调前、后、左、右面错动平揉。边揉边依拉线检查高低和位置，四边完全符线后再用大杠检查中间部位的平整度(因板材面积较大镶铺过程中刚度有变化)，局部有较高的可采用平揉或橡胶锤敲振的方法调制平整。

3)然后刮去余灰把四边用干水泥吸一下，补上预留的操作面板材。

3. 养护

(1)一个房间完成后第二天喷水养护。

(2)隔天可用聚合物灰浆或1∶1水泥细砂子砂浆勾缝。

1)缝隙的截面形状有平缝、凹缝及凹入圆弧缝等。一般缝隙的截面要依缝宽而定。由于陶瓷地砖是经烧结而成,即使经过挑选仍不免有尺寸偏差,所以在施工中一定要留出一定缝隙。一般面积小时,缝隙可不必太大,可控制在2～3 mm为宜,小缝多做成与砖面一平或凹入砖面的一字缝。一般面积较大时,如一些公共场所的商场、饭店等,则应把缝隙适当放大一些,控制在5～8 mm左右或再大一点。否则由于砖块尺寸的偏差造成粘贴困难。

2)大缝一般勾成凹入砖面的圆弧形。勾缝可以用鸭嘴抹、柳叶抹或特制的溜子。

3)勾缝是地砖施工中一个重要环节。缝隙勾得好,可以增加整体美感,弥补粘贴施工中的不足,即使一个粘贴工序完成比较好的地面,由于缝隙勾得不好,不光、不平、边缘不清晰,也会给人一种一塌糊涂、不干净的感觉。所以在铺贴地砖的施工中,要细心完成勾缝工作。

(3)缝隙勾完,擦净后第二天喷水养护。

【技能要点4】外墙面砖施工

1. 工艺流程

打底子 → 选砖、润砖(润基层) → 排砖 → 弹控制线 → 设置标志 → 镶贴面砖勾缝 → 养护

2. 操作工艺

(1)选砖、润砖。

在粘贴前要选砖、浸砖(方法同内墙瓷砖选砖、润砖),阴干后方可粘贴。

(2)排砖。

在外墙面砖的粘贴中,由于门窗洞口比较多,施工面积大,排砖时需要考虑的因素比较多,比较复杂。所以要在施工前经综合

考虑画出排砖图，然后照图施工。

1)排砖要有整体观念，一般要把洞口周边排为整砖，如果条件不允许，也要把洞口两边排成同样尺寸的对称条砖，而且要求在一条线上同一类型尺寸的门洞口边和条砖要求一致。

2)与墙面齐平的窗楣边最好是整砖，由于外墙面砖粘贴时，一般缝隙较大(一般为10 mm左右)，所以排砖时，有较大的调整量。如果在窗口部分只差1～2 cm时可以适当调整洞口位置和大小，尽量减少条砖数量，以利于整体美观和施工操作方便。

(3)弹控制线。

粘贴面砖前，要在底层上依排砖图，弹出若干水平和垂直控制线。

(4)镶贴面砖。

粘贴时，在阳角部位要大面压小面，正面压侧面，不要把盖砖缝留在显眼的大面和正面。要求高的工程可采用将角边砖作45°割角对缝处理。由于外墙面积比较大，施工时要分若干施工单元块逐块粘贴，可以从下向上一直粘贴下去，也可以为了拆架子方便，而从上到下一步架一步架地粘贴。但每步架开始时亦要从这步架的最下开始，向上粘贴。完成一步架后，拆除上边的架子，转入下一步继续粘贴。

1)面砖的粘贴有两种方法。一种是传统方法，即在基层湿润后，用1∶3水泥砂浆(砂过3 mm筛)刮3 mm厚铁板糙(现在多采用稍掺乳液或108胶)，第二天养护后进行面层粘贴。面层粘结层采用1∶0.2∶2水泥石灰混合砂浆，稠度为5～7度。

①粘贴时，要在墙的两边大角外侧，从上到下拉出两道细钢丝，细钢丝要拉紧，两端固定好，两个方向都要用经纬仪打垂直或用大线坠吊垂直。并依照所弹的控制线和大角边的垂直钢丝，把二步架边上的竖向第一块砖先粘贴出一条竖直标筋。

②然后以两边的竖直标筋为依据拉小线粘贴中间大面的面砖。如果墙面比较长，拉小线不方便时，可以利用两边垂直钢丝线在中间做出若干灰饼，以灰饼为准做出中间若干条竖筋。这样缩

短了粘贴时的拉线长度。

③在粘贴大面前要在所粘贴的这步架最下一行砖的下边，将直靠尺粘托在墙上，并且在尺下抹上几个点灰，用干水泥吸一下使其牢固。

④粘靠尺和打点灰可用1份水泥和1份纸筋灰拌和成的1∶1混合灰浆。然后在砖背面抹上8～10 mm厚的1∶0.2∶2混合砂浆。

⑤砂浆要抹平，把抹过砂浆的砖放在托尺的上面，从左边标筋边开始一块一块依次贴好，贴上的砖要经揉平并用鸭嘴抹将之敲振密实，调好位置。

⑥粘贴完一行后，在粘好的砖上口放上一根米厘条。在米厘条上边粘贴第二行砖，这样逐块、逐行一步架一步架地直至粘贴完毕。

2)外墙面砖粘贴的另一种方法打底、找规矩、镶粘等方法均与上述相同，只是粘结层采用掺加30%水质量的108胶的水泥108胶聚合物灰浆或采用掺加20%水质量乳液的水泥乳液聚合物灰浆，这种做法对于打底的平整度要求更高。

①在比较平整的底层上，粘贴面砖，而且面砖背面所抹灰浆厚度只限于3～5 mm，所以大面的平整度有保证，在粘贴大面时可以不必拉线，施工方便，而且垂直运输灰浆量减少。操作中灰浆吸水速度也比较慢，便于后期调整。

②近年来在高层建筑的首层以上部分采用903胶、925胶等建筑用胶，作为面砖的粘结层。采用这类建筑胶的优点是更能减少粘结层用料，减轻垂直运输量，减轻自重和保证平整度等(采用建筑胶时，只需在砖背面打点胶，不须满抹，按压至基本贴底无厚度或微薄厚度)。特别是采用建筑胶粘贴时，可以不必靠下部粘靠尺和拉横线(采用这种方法粘贴砖体下坠量极小)，而直接从上到下、从左到右依次向下粘贴。如果有时稍有微量下坠时，可以暂时不必调整，而继续向前粘贴，待吸水或胶体初凝时，用手轻轻向上揉动使其符合控制线即可。

采用建筑胶粘贴时，要在养护后干透的底子上粘贴，以免由于底子灰中水分的挥发而造成脱胶。砖体也不必浸水。

(5)勾缝养护。

在粘贴完一面墙或一定面积后,可以勾缝。勾缝的方法同陶瓷地砖的勾缝方法相同,一般要勾成半圆弧形凹入缝,然后擦净,第二天喷水对缝隙养护。

【技能要点5】大理石、花岗石板施工

1. 粘贴法

(1)工艺流程。

打底子 → 选块材、润砖(润基层)、排块 → 弹控制线 → 设置标志 → 镶贴面层块材 → 勾缝、养护、打蜡、抛光

(2)操作工艺。

1)在粘贴前要对结构进行检查,有较大偏差的要提前用1∶3水泥砂浆补齐填平,并要润湿基层,用1∶3水泥砂浆打底(刮糙),在刮抹时要把抹子放陡一些。第二天浇水养护。

2)然后按基层尺寸和板材尺寸及所留缝隙,预先排板。排板时要把花纹颜色加以调整。相邻板的颜色和花纹要相近,有协调感、均匀感,不能深一块浅一块,相邻两板花纹差别较大会造成反差强烈的感觉。板材预排后要背对背,面对面,编号按顺序竖向码放,而且在粘贴前要对板材进行润湿、阴干,以备后用。

3)对于底层,在粘贴前要依排板位置进行弹线,弹出一定数量的水平和竖直控制线。并依线在最下一行板材的底下垫铺上大杠或硬靠尺,尺下用砂或木楔垫起,用水平尺找出水平。若长度比较大时,可用水准仪或透明水管找水平。并根据板材的厚度和粘贴砂浆的厚度,在阳角外侧挂上控制竖线,竖线要两面吊直,如果是阴角,可以在相邻墙阴角处依板材厚度和粘贴砂浆厚度弹上控制线。

4)粘贴开始时,应在板材背面,抹上1∶2,水泥砂浆,厚度为10～12 mm,稠度为5～7度。砂浆要抹平,先依阳角挂线或阴角弹线,把两端的第一条竖向板材从下向上按一定缝隙粘贴出两道竖向标筋来。然后以两筋为准拉线从下向上、从左至右逐块粘

上去。

5)粘贴每一块砖要在抹上灰后，贴在相应的位置上并用橡胶锤敲平、振实，要求横平竖直，每两块板材间的接缝要平顺。阳角处的搭接多为空眼珠线形(如图 3—1 所示)，也有八字形的。每两行之间要用小木片垫缝。

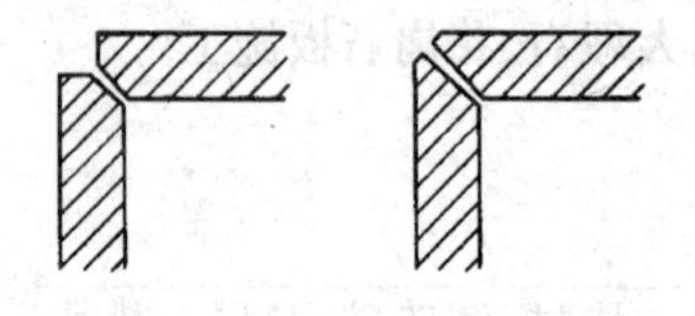

图 3—1　阳角搭接形式

6)每天下班前要把粘贴好的板材表面擦干净。全部粘完后，要在勾缝、擦缝后进行打蜡、抛光。

7)近年来由于建筑材料的发展，在粘贴石材时也常采用新型大理石胶来粘贴石材面层的。这种胶粘贴效果颇好，施工也很方便，而且可以打破以前的粘贴法受板材尺寸和粘贴高度的限制，可以在较高的墙面上使用较大尺寸的板材。

①采用大理石胶进行面层粘贴时，要在底层干燥后进行。

大理石简介

1. 规格尺寸允许偏差

(1)普形板规格尺寸允许偏差见表 3—1。

表 3—1　普形板规格尺寸允许偏差

项目		允许偏差		
		优等品	一等品	合格品
长度、宽度(mm)		0 −1.0		0 −1.5
厚度(mm)	≤12	±0.5	±0.8	±1.0
	＞12	±1.0	±1.5	±2.0
干挂板材厚度(mm)		+2.0,0		+3.0,0

(2)圆弧板壁厚最小值应不小于20 mm,规格尺寸允许偏差见表3—2。

表3—2　圆弧板规格尺寸允许偏差

项目	允许偏差		
	优等品	一等品	合格品
弦长(mm)	0 −1.0		0 −1.5
高度(mm)	0 −1.0		0 −1.5

2. 平面度允许公差

(1)普形板平面度允许公差应符合表3—3的规定。

表3—3　普形板平面度允许公差　(单位:mm)

板材长度	优等品	一等品	合格品
≤400	0.20	0.30	0.50
400～800	0.50	0.60	0.80
>800	0.70	0.80	1.00

(2)圆弧板直线度与线轮廓度允许公差见表3—4。

表3—4　圆弧板直线度与线轮廓度允许公差　(单位:mm)

项目		允许公差		
		优等品	一等品	合格品
直线度(板材高度)	≤800	0.60	0.80	1.00
	>800	0.80	1.00	1.20
线轮廓度		0.80	1.00	1.20

3. 角度允许公差

(1)普形板角度允许公差见表3—5。

表3—5　普形板角度允许公差

板材长度	允许公差		
	优等品	一等品	合格品
≤400	0.30	0.40	0.50
>400	0.40	0.50	0.70

(2)圆弧板端面角度允许公差。优等品为 0.40 mm，一等品为0.60 mm，合格品为 0.80 mm。

(3)普形板拼缝板材正面与侧面的夹角不得大于 90°。

(4)圆弧板侧面角应不小于 90°。

4. 外观质量

(1)同一批板材的色调应基本调和，花纹应基本一致。

(2)板材正面的外观缺陷的质量要求应符合表 3—6 的规定。

表 3—6　板材正面外观缺陷质量规定

<table>
<tr><th>名称</th><th>规定内容</th><th>优等品</th><th>一等品</th><th>合格品</th></tr>
<tr><td>裂纹</td><td>长度超过 10 mm 的允许条数</td><td>0</td><td></td><td></td></tr>
<tr><td>缺棱</td><td>长度不超过 8 mm，宽度不超过 1.5 mm(长度≤4 mm，宽度≤1 mm 不计)，每米长允许个数(个)</td><td rowspan="4">0</td><td rowspan="3">1</td><td rowspan="3">2</td></tr>
<tr><td>缺角</td><td>沿板材边长顺延方向，长度≤3 mm，宽度≤3 mm(长度≤2 mm，宽度≤2 mm 不计)，每块板允许个数(个)</td></tr>
<tr><td>色斑</td><td>面积不超过 6 cm²(面积小于 2 cm² 不计)，每块板允许个数(个)</td></tr>
<tr><td>砂眼</td><td>直径在 2 mm 以下</td><td>不明显</td><td>有，不影响装饰效果</td></tr>
</table>

(3)板材允许粘结和修补。粘结和修补后应不影响板材的装饰效果和物理性能。

5. 物理性能

(1)镜面板材的镜向光泽值应不低于 70 光泽单位，若有特殊要求，由供需双方协商确定。

(2)板材的其他物理性能指标应符合表 3—7 的规定。

表 3—7 板材物理性能指标

项目		指标
体积密度(g/cm³)		≥2.30
吸水率(%)		≤0.50
干燥压缩强度(MPa)		≥50.0
干燥	弯曲强度/MPa	≥7.0
水饱和		
耐磨度(1/cm³)		≥10

注:为了颜色和设计效果,以两块或多块大理石组合拼装时,耐磨度差异应不大于5,建议适用于经受严重踩踏的阶梯、地面和胎使用的石材耐磨度最小为12。

②粘贴时只要在板材背面抹上胶体,用专用的工具——齿形刮尺(如图 3—2 所示),刮平所抹的胶液,胶液的厚度可用变换齿形刮尺的角度来调整(齿形刮尺在最陡,即与板面呈 90°时胶液最厚;齿形刮尺与板面角度越小胶液越薄),胶液刮平后将板材粘贴在相应的位置。

③用橡胶锤敲振至平整,振实,调整至平直即可。

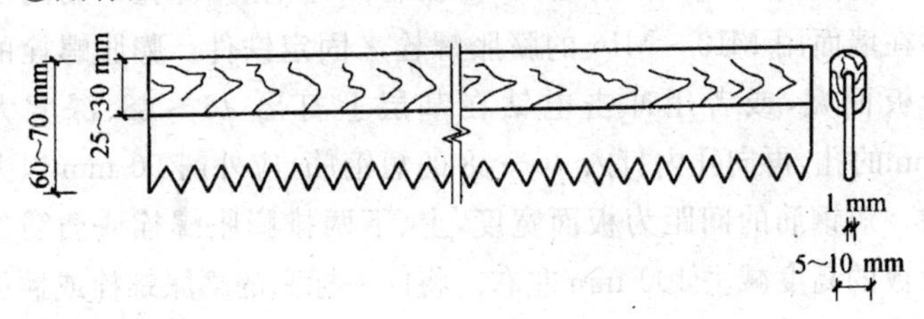

图 3—2 齿形刮尺

2. 湿作业法

(1)工艺流程。

基层处理 → 绑扎钢筋网预拼 → 固定绑扎钢丝 → 板块就位 → 固定板块 → 灌浆 → 清理、嵌缝

(2)操作工艺。

1)基层处理。将基层表面的残灰、污垢清理干净,有油污可用

10％火碱水清洗，干净后再用清水将火碱液清洗干净。

基层应具有足够的刚度和稳定性，并且基层表面应平整粗糙。对于光滑的基层表面应进行凿毛处理，凿毛深度 5～15 mm，间距不大于 30 mm。

基层应在饰面板安装前一天浇水湿透。

2)绑扎钢筋网。先检查基层墙面平整情况，然后在建筑物四角由顶到底挂垂直线，再根据垂直标准，拉水平通线，在边角做出饰面板安装后厚度的标志块，根据标志块做标筋和确定饰面板留缝灌浆的厚度。

按上述找规矩确定标准线，在水平与垂直范围内根据立面要求划出水平方向及垂直方向的饰面板分块尺寸，并核对一下墙或柱预留洞、槽的位置。然后先剔凿出墙面或柱面结构施工时的预埋钢筋，使其外露于墙、柱面，然后连接绑扎(或焊接)$\phi8$ 的竖向钢筋(竖向钢筋的间距，如设计无规定，可按饰面板宽度距离设置，一般为 30～50 cm)，随后绑扎横向钢筋。横向钢筋其间距对比饰面板竖向尺寸小 2～3 cm 为宜。

一般室内装饰工程的墙面，都没有预埋钢筋，绑扎钢筋网之间需要在墙面用 M10～M16 的膨胀螺栓来固定铁件。膨胀螺栓的间距为板面宽，或者用冲击电钻在基层上打出 $\phi6$～$\phi8$、深度大于 60 mm的孔，再向孔内打入 $\phi6$～$\phi8$ 的短钢筋，应外露 50 mm 以上并弯钩。短钢筋的间距为板面宽度，上、下两排膨胀螺栓或插筋的距离为板的高度减去 100 mm 左右。将同一标高的膨胀螺栓或插筋上连接水平钢筋，水平钢筋可绑扎固定或点焊固定，如图 3—3 所示。

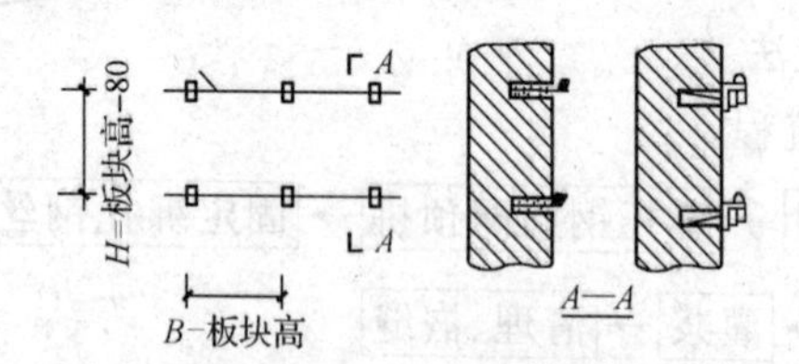

图 3—3　墙上埋入钢筋或螺栓

3)预拼。为了使板材安装时上、下、左、右颜色花纹一致，纹理通顺，接缝严密吻合，安装前，必须按大样图预拼排号。

一般应先按图样挑出品种、规格、颜色与纹理一致的板料，按设计尺寸，进行试拼，校正尺寸及四角套方，使其符合要求。凡阳角对接处，应磨边卡角，如图 3—4 所示。

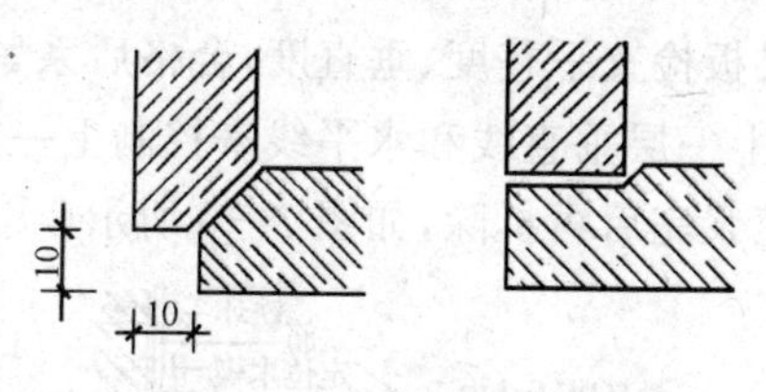

图 3—4　阳角处磨边卡角

预拼好的板料应按施工顺序编号，编号一般由下往上编排，然后分类竖向堆好备用。对于有缺陷的板材经过修补后可改小料用或应用于阴角或靠近地面不显眼部位。

4)固定绑扎钢丝。固定绑扎丝(铜丝或不锈钢丝)的方法采用开四道槽或三道槽方法。其操作方法如下。用电动手提式石材无齿切割机的圆锯片，在需绑丝的部位上开槽。四道槽的位置是：板材背面的边角处开两条竖槽，其间距为 30～40 mm，板材侧边外的两竖槽位置上开一条横槽，再在板材背面上的两条竖槽位置下部开一条横槽，如图 3—5 所示。

板材开好槽后，把备好的不锈钢或铜丝剪成 30 cm 长，并弯成 U 形。将 U 形绑丝先套入板材背横槽内，U 形的两条边从两条槽内通出后，在板材侧边横槽过紧，以防止拧断绑丝或把槽口弄断裂。

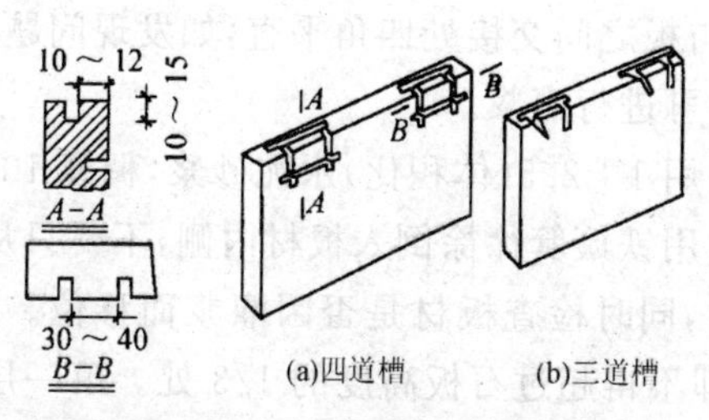

图 3—5　板材开槽方式

5)板块就位。安装顺序一般由下往上进行,每层板块由中间或一端开始。先将墙面最下层的板块按地面标高线就位,如果地面未做出,就需用垫块把板块垫高至墙面标高线位置。然后使板材上口外仰,把下口不锈钢丝(或铜丝)绑好后用木楔垫稳。

随后用靠尺板检查平整度、垂直度,合格后系紧绑丝。最下一层定位后,再拉上一层垂直线和水平线来控制上一层安装质量,上口水平线应到灌浆完后再拆除,如图 3—6 所示。

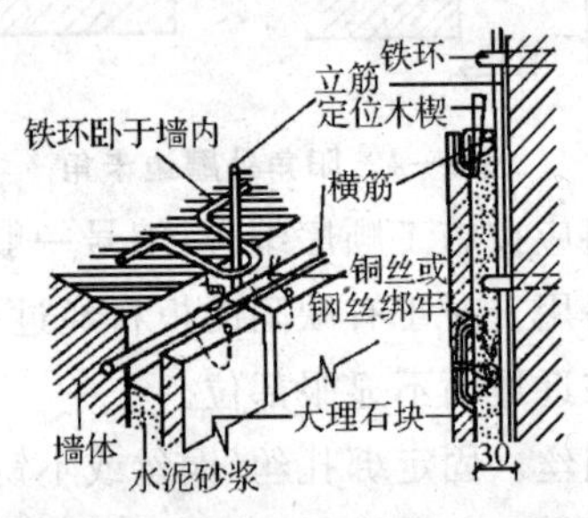

图 3—6　预埋件与钢筋绑扎示意图

柱面可按顺时针安装,一般先从正面开始。第一层就位后,要用靠尺找垂直,用水平尺找平整,用方尺打好阴、阳角。如发现板材规格不准确或板材间隙不匀,应用铅皮加垫,使板材间隙均匀一致,以保持每一层板材上口平直,为上一层板材安装打下基础。

6)固定板块。板材安装就位后,用纸或熟石膏将两侧缝隙堵严。上、下口临时固定较大的块材以及门窗脸饰面板应另加支撑加固,为了校正视觉偏差,安装门窗碹脸时应按 1%起拱。

用熟石膏临时封固后,要及时用靠尺板、水平尺检查板面是否平直,保证板与板之间交接处四角平直,如发现问题,立即校正,待石膏硬固后即可进行灌浆。

7)灌浆。用 1∶2.5(体积比)水泥砂浆,稠度 10～15 cm,分层灌注。灌注时用铁簸箕徐徐倒入板材内侧,不要只从一处灌注,也不能碰动板材,同时检查板材是否因灌浆而移位。第一层浇灌高度为 15 cm,即不得超过石板高度的 1/3 处。第一层灌浆很重要,要锚固下口绑丝及石板,所以操作时要轻,防止碰撞和猛灌,一旦发生板材外移、错动，应拆除重新安装。

第一次灌浆后稍停1～2 h，待砂浆初凝无水溢出，并且板材无移动后，再进行第二次灌浆，高度为10 cm左右，即灌浆高度到达板材的1/2高度处。稍停1～2 h，再灌第三次浆，灌浆高度到达离上口5 cm处，余量作为上层板材灌浆的接口。

当采用浅色的饰面板时，灌浆应采用白水泥和白石屑，以防透底影响美观。如为柱子贴面，在灌浆前用方木加工或夹具夹住板材，以防止灌浆时板材外胀。

8)清理、嵌缝。三次灌浆完毕，砂浆初凝后就可清理板材上口余浆，并用棉丝擦干净。隔天再清理第一层板材上口木楔和上口有碍安装上口板材的石膏，以后用相同方法把上层板材下口绑丝拴在第一层板材上口固定的绑丝处(铜丝或不锈钢丝)，依次进行安装。

柱面、墙面、门窗套等饰面板安装与地面块材铺设的顺序，一般采取先作立面后作地面的方法，这种方法要求地面分块尺寸准确，这部分块材切割整齐。也可采用先做地面后作立面的方法，这样可以解决边部块材不齐问题，但地面应加以保护，防止损坏。

嵌缝是全部板材安装完毕后的最后一道工序，首先应将板材表面清理干净，并按板材颜色调制水泥色浆嵌缝，边嵌缝边擦拭清洁，使缝隙密实干净、颜色一致。安装固定后的板材，如面层光泽受到影响，要重新打蜡上光。

3. 湿作业改进做法

(1)基层处理。

对混凝土墙、柱等凹凸不平处凿平后用1∶3水泥砂浆分层抹平。钢模混凝土墙面必须凿毛，并将基层清刷干净，浇水湿润。石材背面进行防碱背涂处理，代替洒水湿润，以防止锈蚀和泛碱现象。

预埋钢筋或贴模钢筋要先剔凿使其外露于墙面。无预埋筋处则应先探测结构钢筋位置，避开钢筋钻孔。孔径为25 mm、孔深90 mm，用M16膨胀螺栓固定预埋件。

(2)板材钻孔。

直孔用台钻打眼，操作时应钉木架，使钻头直对板材上端面。

一般在每块石板的上、下两个面打眼。孔位打在距板两端 1/4 处，每个面各打两个眼，孔径为 5 mm，深 18 mm，孔位距石板背面 8 mm为宜。如石板宽度较大，中间增打一孔，钻孔后用合金钢凿子朝石板背面的孔壁轻打剔凿，剔出深 4 mm 的槽，以便固定连接件，如图 3—7 所示。

石材背面钻 135°斜孔，先用合金钢凿子在打孔平面剔窝，再用台钻直对石板背面打孔。打孔时将石板固定在 135°的木架上（或用摇臂钻斜对石板）打孔，孔深 5～8 mm，孔底距石板抹光面 9 mm，孔径 8 mm，如图 3—8 所示。

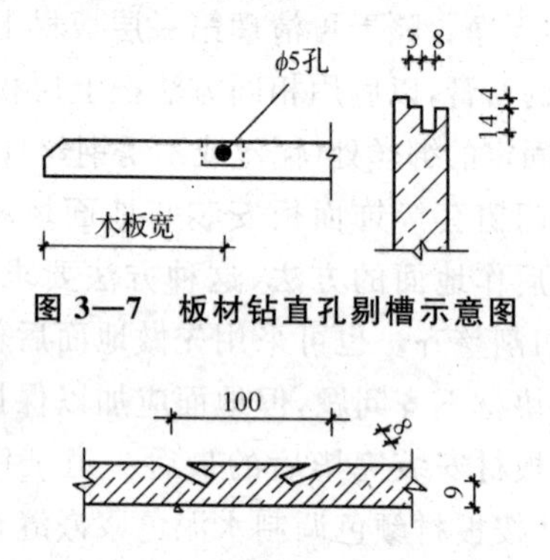

图 3—7　板材钻直孔剔槽示意图

图 3—8　磨光花岗石加工示意图

(3)金属夹安装。

把金属夹安装在板内 135°斜孔内，用胶固定，并与钢筋网连接牢固，如图 3—9 所示。

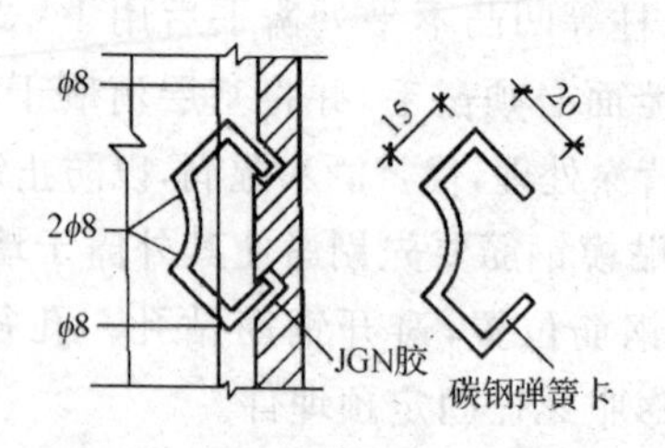

图 3—9　安装金属夹示意图

(4)绑扎钢筋网。

先绑竖筋。竖筋与结构内预埋筋、预埋铁连接。横向钢筋根据石板规格,比石板低 20～30 mm 作固定拉接筋,其他横筋可根据设计间距均分。

(5)安装板材。

按试拼石板就位,石板板材上口外仰,将两板间连接筋(连接棍)对齐,连接件挂牢在横筋上,用木楔垫稳石板,用靠尺检查调整平直。一般均从左往右进行安装,柱面水平交圈安装,以便校正水平垂直度。四大角拉钢尺找直,每层石板应拉通线找平找直,阴阳角用方尺套方。如发现缝隙大小不均匀,应用铁皮垫平,使石板缝隙均匀一致,并保证每层石板板材上口平直,然后用熟石膏固定。经检查无变形方可浇灌细石混凝土。

(6)浇灌细石混凝土。

把搅拌均匀的细石混凝土用铁簸箕徐徐倒入,不得碰动石板及石膏木楔。要求下料均匀,轻捣细石混凝土,直至无气泡。每层石板分三次浇灌,每次浇灌间隔 1 小时左右,待初凝后经检验无松动,变形,方可再次浇灌细石混凝土。第三次浇灌细石混凝土时上口留 50 mm,作为上层石板浇灌混凝土的结合层。

(7)擦缝、打蜡。

石板安装完后,清除所有石膏和余浆痕迹,用棉丝或抹布擦洗干净。按照板材颜色调制水泥浆嵌缝,边嵌缝边擦干净,以防污染石材表面,使嵌缝密实,均匀,外观洁净,颜色一致,最后抛光上蜡。

4. 干挂施工

(1)施工工艺。

墙面修整→弹线→墙面涂防水剂→打孔→固定连接件→调整固定→顶部板安装→嵌缝→清理

(2)工艺流程。

1)墙面修整。如果混凝土外墙表面有局部凸出处会影响扣件安装时,要进行凿平修整。

2)弹线。找规矩,弹出垂直线和水平线,并根据施工大样图弹出安装石材的位置线和分块线。石材安装前要事先用经纬仪打大角两个面的竖向控制线,最好弹在离大角 20 cm 的位置上,以便随时检查垂直挂线的准确性,保证顺利安装。竖向挂线宜用直径为 1～1.2 mm 的钢丝,下边用沉铁坠吊。一般 40 m 以下高度沉铁质量为 8～10 kg,上端挂在专用的挂线角钢架上,角钢架用膨胀螺栓固定在建筑物大角的顶端,一定要挂在牢固、准确、不易碰动的地方,要在控制线上、下作出标记,并注意保护和检查。

3)墙面涂防水剂。由于板材与混凝土墙身之间不填充砂浆,为了防止因材料性能或施工质量可能造成渗漏,在外墙面上涂刷一层防水剂,以增强外墙的防水性能。

4)打孔。根据施工大样图的要求,为保证打孔位置准确,将专用模具固定在台钻上,进行石材打孔。为保证孔的垂直性,钉一个板材托架,将石板放在托架上,将打孔的小面与钻头垂直,使孔成型后准确无误。孔深 20 mm,孔径为 5 mm;钻头为 4.5 mm,要求孔位正确。

5)固定连接件。在结构墙上打孔、下膨胀螺栓,在基层表面弹好水平线,按施工大样图和板材尺寸,在基层结构墙上做好标记,后按点打孔。孔深为 60～80 mm,若遇到结构中的钢筋,可以将孔位在水平方向移位或往上抬高。在连接铁件时利用可调余量再调整。成孔与墙面垂直,将孔内灰渣挖出后安放膨胀螺栓。并将所需的全部膨胀螺栓全部安装到位后将扣件固定,用板手拧紧。安装节点图如图 3—10 所示。连接板上的孔洞均呈椭圆形,以便于安装时调节位置,如图 3—11 所示。

6)固定板块。底层石板安装要先把侧面的连接铁件安好,便可把底层面板靠角上的一块就位。方法是用夹具暂时固定,先将石板侧孔抹胶,调整铁件,插固定钢针,调整面板固定。依次按顺序安装底层面板,待底层面板全部就位后,需检查一下各板材水平是否在一条线上。先调整好面板的水平与垂直度,再检查板缝宽度，应按设计要求板缝均匀，嵌缝高度要高于 25 cm，其后用 1∶2.5 白水泥配制的砂浆，灌于底层面板内 20 cm 高，并设排水装置。

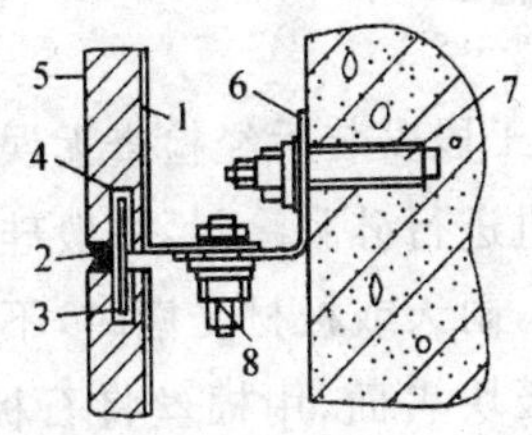

图 3—10　干挂工艺构造示意图

1—玻璃布增强层；2—嵌缝油膏；3—钢针；4—长孔（充填环氧树脂胶粘剂）
5—石材板；6—安装角钢；7—膨胀螺栓；8—紧固螺栓

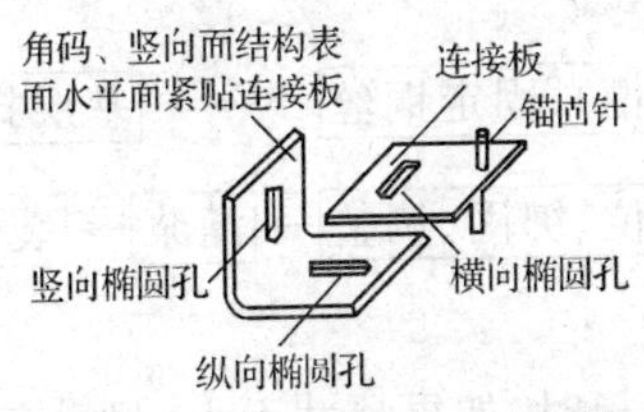

图 3—11　组合挂件三向调节

石板上孔抹胶及插连接钢针，方法是用 1∶1.5 的白水泥环氧树脂倒入固化剂、促进剂。用小棒搅匀，用小棒将配好的胶抹入孔中，再把长 40 mm 的 $\phi4$ 连接钢针通过平板上的小孔插入，直至面板孔，上钢针前检查其有无伤痕，长度是否满足要求，钢钉安装要保证垂直。

7）调整固定。面板暂时固定后，调整水平度，如板面上口不平，可在板底一端的下口连接平钢板上垫一相应的铅皮板或铜丝，铝皮板厚度可适当调整。也可把另一端下口用以上方法垫一下。而后调整垂直度，可调整面板上口不锈钢连接件的距墙空隙，直至面板垂直。

8）顶部板安装。顶部最后一层面板除了按一般石板安装要求外，安装调整好，在结构与石板的缝隙里吊一通长的 20 mm 厚木条，木条上平位置为石板上口下去 250 mm，吊点可设在连接铁件上，可采用钢丝吊木条，木条吊好后，即在石板与墙面之间的空隙里塞放聚苯板，聚苯板条要宽于空隙，以便填塞严实，防止灌浆时漏浆，造成蜂窝、孔洞等。灌浆至石板口下 20 mm 作为压顶盖板之用。

9)嵌缝。每一施工段安装后经检查无误，可清扫拼接缝，填入橡胶条，然后用打胶机进行硅胶涂封，一般硅胶只封平接缝表面或比板面稍凹少许即可，雨天或板材受潮时，不宜涂硅胶。

10)清理。清理板块表面，用棉丝将石板擦干净，余胶等其他粘结杂物可用开刀轻铲或用棉丝蘸丙酮擦干净。

5. 顶面的镶粘

(1)工艺流程。

板材打孔(剔槽)、固定铜丝 → 基层打孔、固定铜丝 → 作支架 → 板材就位、绑固、调整 → 灌浆 → 装侧面板

(2)操作工艺。

1)在安装上脸板时，如果尺寸不大，只需在板的两侧和外边侧面小边上钻孔，一般每边钻两孔，孔径 5 mm、孔深 18 mm。将铜丝插入孔内用木楔蘸环氧树脂固定，也可以钻成牛鼻子孔把铜丝穿入后绑扎牢固。

2)对尺寸较大的板材，除在侧边钻孔外，还要在板背适当的位置，用云石机先割出矩形凹槽，数量适当(依板的大小而增减)，矩形槽入板深度以距板面不少于 12 mm 为准。矩形槽长 4～5 cm，宽 0.5～1 cm。切割后用錾子把中间部分剔除，为了剔除时方便快捷可以把中间部分用云石机多切割几下。剔凿后形成凹入的矩形槽，矩形槽的双向截面，均应呈上小下大的梯形。

3)然后把铜丝放入槽内，两端露出槽外，在槽内灌注 1∶2 水泥砂浆掺加 15%水质量的乳液搅拌的聚合物灰浆，或用木块蘸环氧树脂填平凹槽，再用环氧树脂抹平的方法把铜丝固定在板材上，也可用云石胶代替环氧树脂，如图 3—12 所示。

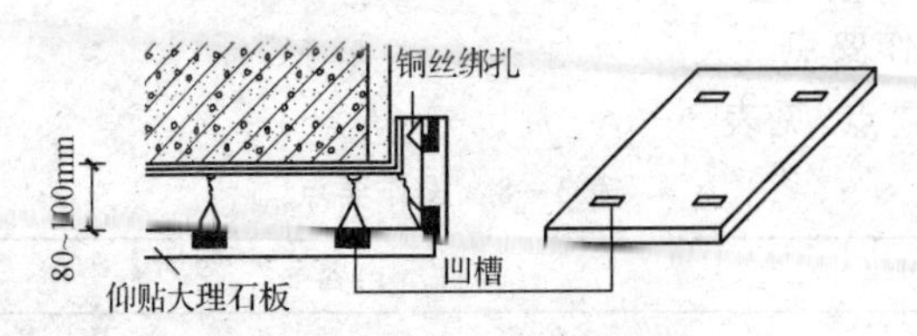

图 3—12 顶面镶粘示意

4)安装时,把基层和板材背面涂刷素水泥浆,紧接着把板材背面朝上放在准备好的支架上,将铜丝与基层绑扎后经找方、调平、调正后,拧紧铜丝,用木楔子楔稳,视基层和板背索水泥的干湿度,喷水湿润(如果素水泥浆颜色较深说明吸水较慢,可以不必喷水)。

5)然后将 1∶2 水泥砂浆内掺水质量 15%的水泥乳液干硬性砂浆灌入基层与板材的间隙中,边灌边用木棍捣固,要捣实,捣出灰浆来。

6)3 d 后拆掉木楔,待砂浆与基层之间结合完好后,可以把支架拆掉。

7)然后可进行门窗两边侧面板材的安装,侧面立板要把顶板的两端盖住,以加强顶板的牢固。

第二节 柱体镶贴施工技术

【技能要点 1】空心石板圆柱饰面板施工

1. 施工准备

(1)材料要求。对石板进行分选,按不同规格、不同等级进行堆放。

(2)用厚木夹板制作一个内径等于柱体外径的靠模。利用靠模来确定石板的切角大小。

(3)施工工具:线锤、卷尺、电动手提式无齿圆锯。

2. 工艺流程

检查基层、确定板材规格 → 基层处理、分格 → 石板材开槽、浸水 → 石板材安装 → 灌浆 → 清理

3. 操作要点

操作要点，见表 3—8。

表 3—8　操作要点

项目	内容
检查基层、确定板材规格	基层应检查其不圆度及垂直度。因为圆柱镶贴石面板，必须将石板两侧切出一定角度，石板才能对缝。必须利用靠模确定石板切角的大小。其方法为：先在靠模边按贴面方向摆放几块石板，测量石板对缝所需切的角度，然后按此角度在切割机上切角。将切好角的石板再放置在靠模边，观察两石板对缝情况，若可对缝，便按此角进行切角加工。靠模的方式如图 3—13 所示
基层处理、分格	检查基层后，要对基层进行处理，清除其尘土、油污和凸凹不平的地方。面层要粗糙。接着按已确定石块的规格尺寸，在柱面上进行分格、弹线
石板开槽、浸水	可用手提式无齿锯，在石板上开槽，开槽的位置应考虑与预埋的铜丝位置相对应，以便绑扎。开完槽应把石板放在水里浸泡
石板安装	石板在安装时要利用靠模来作为柱面镶贴的基准圆。首先将靠模对正位置后固定在柱体下面，然后从柱体的最下一层开始镶贴，逐步向上镶贴石板饰面，镶贴石板的圆柱结构，如图 3—14 所示
灌浆	用水泥砂浆分层灌注。灌注时不要碰动石板，并应从几处分别向缝隙中灌注，同时要检查板材是否因灌浆而外移。每次灌浆高度一般不超过 150 mm；最多不得超过 200 mm。一块石材通常分三次灌浆来完成粘贴
清理	灌浆完毕，待砂浆初凝后，即可清理板材上口余浆，并用棉丝擦干净

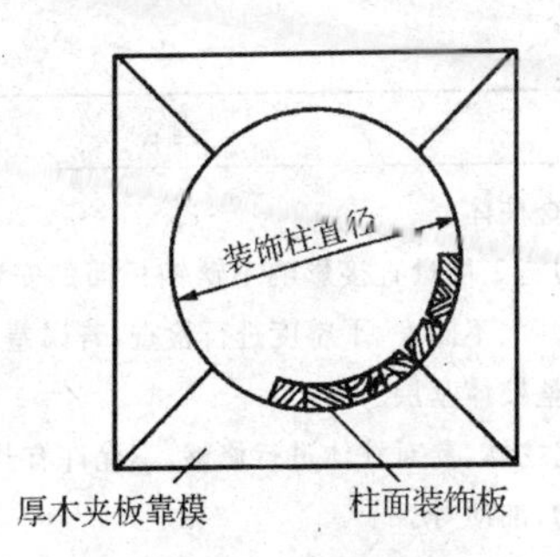

图 3—13 靠模方式

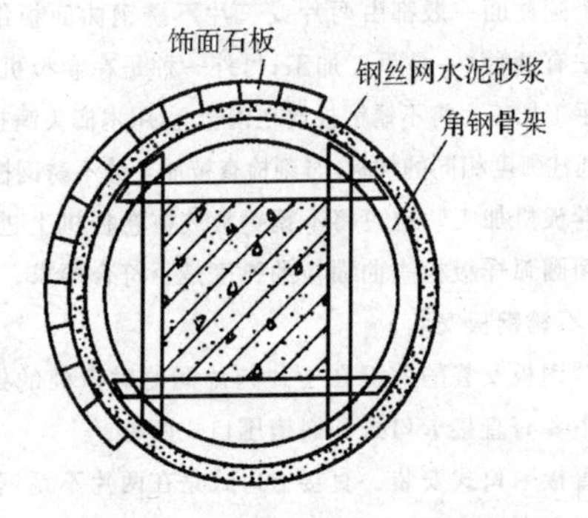

图 3—14 镶贴石板的圆柱结构

【技能要点 2】不锈钢板饰面板施工

1. 不锈钢圆柱饰面安装

用骨架做成的圆柱体,圆柱面不锈钢板安装可以采用直接卡口式和嵌槽压口式进行镶贴。安装要求见表 3—9。

表 3—9 不锈钢圆柱饰面安装

项目	内容
施工准备	(1)材料要求:根据设计要求选用不锈钢板,同时准备好不锈钢槽条和不锈钢卡口槽及不锈钢槽。 (2)施工工具:常用的工具有卷尺、电钻、直尺、冲击钻、线锤、大榔头、钢管等
工艺流程	检查主体 → 修整柱体基层 → 不锈钢板加工成曲面板 → 不锈钢板安装 → 表面抛光处理

续上表

项目	内容
操作要点	(1)检查柱体。 柱体的施工质量直接影响不锈钢板面的安装质量。安装前要对柱体的垂直度、不圆度、平整度进行检查，若误差大，必须进行返工。 (2)修整柱体基层。 检查完柱体，要对柱体进行修整，不允许有凸凹不平，并清除柱体表面的杂物、油渍等。 (3)不锈钢板加工。 一个圆柱面一般都由两片或三片不锈钢曲面板组合成。曲面板加工方法有两种，一是手工加工；另外一种是在卷板机上加工。 1)手工加工。将不锈钢板放在钢管上，用木榔头锤打，同时用薄铁皮做成与圆柱弧度相同的样板，时刻检查被加工的不锈钢板是否符合要求。 2)卷板机加工。也可将不锈钢板放在卷板机上进行加工。加工时，也应用圆弧样板检查曲面板的弧度是否符合要求。 (4)不锈钢板安装。 不锈钢板安装的关键在于片与片间的对口处的处理。安装对口的方式主要有直接卡口式和嵌槽压口式两种。 1)直接卡口式安装。直接卡口式是在两片不锈钢板对口处，安装一个不锈钢卡口槽，该卡口槽用螺钉固定于柱体骨架的凹部。安装柱面不锈钢板时，只要将不锈钢板一端的弯曲部，勾入卡口槽内，再用力推按不锈钢板的另一端，利用不锈钢板本身的特性，使其卡入另一个卡口槽内(如图3—15所示)。 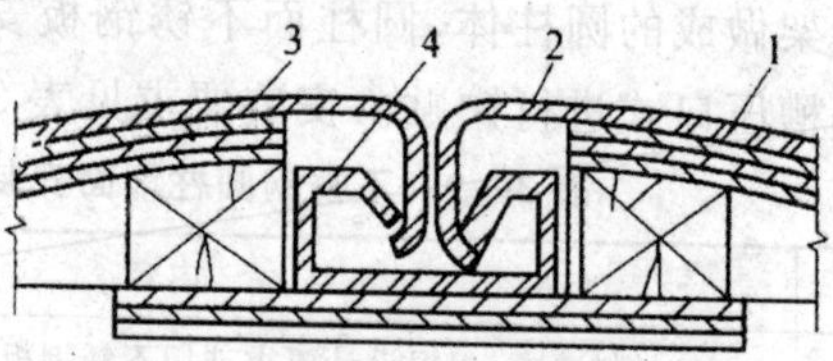 3 4 2 1 **图3—15 直接卡口式安装** 1—垫木；2—不锈钢板；3—木夹板；4—不锈钢槽条 2)嵌槽压口式安装方法。 ①先把不锈钢板在对口处的凹部用螺钉(铁钉)固定，再把一条宽度小于凹槽的木条固定在凹槽中间，两边空出的间隙相等，其间隙宽为1 mm左右

续上表

项目	内容
操作要点	②在木条上涂刷万能胶，等胶面不粘手时，向木条上嵌入不锈钢槽条。 ③在不锈钢槽条嵌入粘结前，应用酒精或汽油清擦槽条内的油迹污物，并涂刷一层薄薄的胶液。安装方式如图3—16所示。 **图3—16　嵌槽压口式安装** 1—垫木；2—不锈钢板；3—木夹板；4—不锈钢槽条 3)不锈钢板安装注意事项。 ①安装卡口槽及不锈钢槽条时，尺寸准确不能产生歪斜现象。 ②固定凹槽的木条尺寸，形状要准确。尺寸准确既可保证木条与不锈钢槽的配合松紧适度，安装时不需用锤大力敲击，避免损伤不锈钢槽面，可保证不锈钢槽面与柱体面一致，没有高低不平现象。形状准确可使不锈钢槽嵌入木条后胶结面均匀，粘结牢固，防止槽面的侧歪现象。 ③在木条安装前，应先与不锈钢试配，木条的高度一般大于不锈钢槽内的深度0.5 mm。

2. 不锈钢方柱饰面安装

方柱体上安装不锈钢板，通常需要将不锈钢板粘贴在木夹板层上，然后再用型角压边。不锈钢方柱饰面安装要点见表3—10。

表3—10　不锈钢方柱饰面安装要点

项目	内容
施工准备	(1)材料准备：不锈薄钢板、木夹板(三夹板或五夹板)、不锈钢或铝型角及万能胶等。 (2)施工工具：钢卷尺、线锤、方尺、电钻、冲击钻、射钉枪等

续上表

项目	内容
工艺流程	柱骨架检查与修整 → 镶贴木夹板 → 镶贴不锈钢板 → 压边 → 抛光处理
操作要点	(1)检查柱体骨架。 粘贴木夹板前,应对柱体骨架进行垂直度和平整度的检查,若有误差应及时修整。 (2)粘贴木夹板。 骨架检查合格后,在骨架上刷涂万能胶,然后把木夹板粘贴在骨架上并用螺钉固钉,钉头低于板面。 (3)镶贴不锈钢板。 在木夹板的面层上涂刷万能胶并把不锈钢面板粘贴在夹板面层上。 (4)压边。 在柱子转角处,用不锈钢型角压边,如图 3—17 所示。 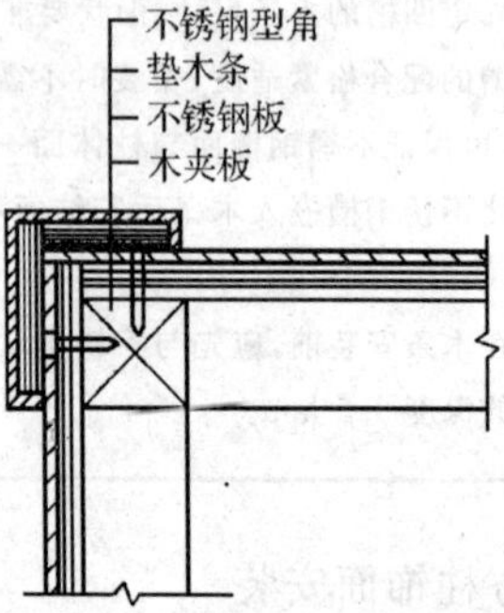 **图 3—17　不锈钢板安装及转角处理** (5)在压边处封口。 在压边不锈钢型角处可用少量玻璃胶封口
不锈钢方柱角位的结构处理	(1)阳角结构。 阳角结构最常见,其角位结构也较简单,两个面在角位处直角相交,再用压角线进行封角。压角线用不锈角或不锈钢角型材及自攻螺钉或铆接法固定,如图 3—18 所示

续上表

<table>
<tr><th>项目</th><th>内容</th></tr>
<tr><td>不锈钢方柱角位的结构处理</td><td> 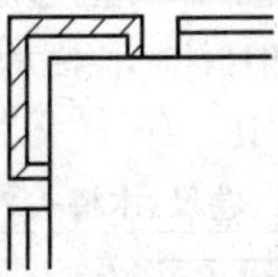图 3—18　不锈钢方柱阳角结构形式
(2)斜角结构。
不锈钢方柱斜角用不锈钢处理，如图 3—19 所示。 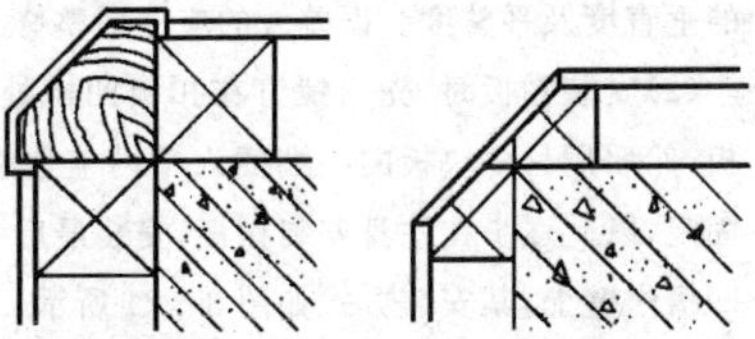
(a)斜角　(b)大斜角
图 3—19　不锈钢方柱斜角结构形式
(3)阴角结构。
所谓阴角也就是在柱体的角位上，做一个向内凹角。
不锈钢方柱阴角结构是用不锈钢成型材来包角，如图 3—20 所示 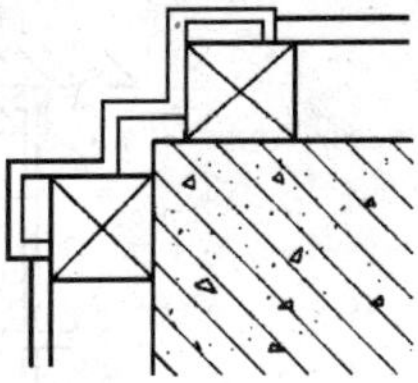
图 3—20　阴角结构形式</td></tr>
</table>

【技能要点 3】铝合金方柱饰面板施工

铝合金方柱饰面板施工要点，见表 3—11。

表 3—11　铝合金方柱饰面板施工

项目	内容
施工准备	(1)材料要求。 铝合金方柱饰面板用经过加工的铝合金扣板，再用角铝作压边，用螺钉固定。在选用材料时，应按方柱面尺寸确定扣板的宽度和角铝的长度。 (2)施工工具。 线锤、方尺、卷尺、木榔头、电钻、改锥等
工艺流程	柱体骨架检查 → 安装铝合金扣板 → 固定铝合金扣板 → 角铝压边
操作要点	(1)柱体骨架检查。柱体骨架在未安装铝合金扣板前，应检查柱体的垂直度及平整度。误差大的应立即整修。 (2)安装扣板时，先用螺钉在扣板凹槽处与柱体骨架固定第一条扣板，然后用另一块板的一端插入槽内盖住螺钉头，在另一端再用螺钉固定，以此逐步在柱身安装扣板，安装最后一块扣板时，可用螺钉钉在凹槽内壁上，其安装方式如图 3—21 所示。 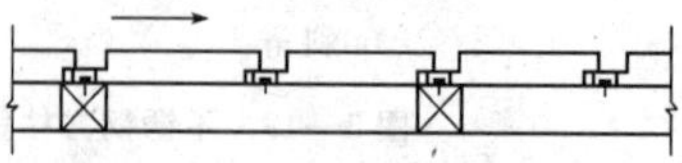 图 3—21　铝合金扣板安装方式 (3)压边。扣板安装完毕，其上下顶地边通常是用同包角铝压边，其上顶边是用角铝向外压，下地边是用角铝向内压，如图 3—22 所示 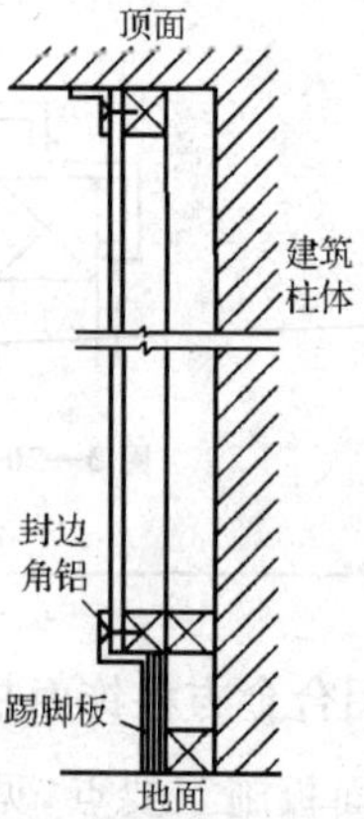 顶面　建筑柱体　封边角铝　踢脚板　地面 图 3—22　上顶边下地边的安装

【技能要点4】木圆柱饰面板面层施工

木圆柱饰面板面层施工要点，见表3—12。

表3—12　木圆柱饰面板面层施工

项目	内容
施工准备	(1)材料。 木圆柱面层常用弯曲性较好的薄三夹板。还有用实木条板做面层，常用实木板条宽50～80 mm，木条板厚度为10～20 mm。 (2)施工工具。 常用工具有手电钻、电锯、刀锯、墙纸刀、锤子、斧子、射钉枪等
施工方法	木圆柱面层安装有两种方法，一种是用薄三夹板围住柱体；另一种是用实木条板钉在木圆柱的骨架上，如图3—23所示 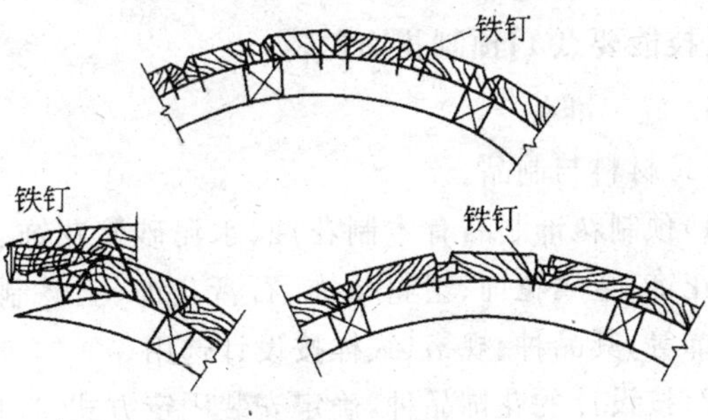 铁钉　铁钉　铁钉 图3—23　木条板安装
圆柱上安装木夹板操作要点	(1)试铺。在安装固定前，先在柱体骨架进行试铺。确定下料尺寸。 (2)弯曲贴合有困难，可在木夹板的背面用墙纸刀切割一些竖向刀槽，刀槽间相距10 mm左右，刀槽深1 mm左右。要注意，应用木夹板的长边来围柱体。 (3)在木骨架的外面刷胶液，将木夹板粘贴在木骨架上，然后用铁钉从一侧开始钉木夹板，逐步向另一侧固定。 (4)在对缝处用钉量要适当加密。钉头要埋入木夹板内。 (5)在钉接圆柱木夹板时，最好采用钉枪钉

续上表

项目	内容
圆柱上安装实木条板操作要点	(1)根据圆柱的周长和实木条板的宽度,试排实木条板并确定其数量。 (2)划线。根据试排的结果,在圆柱骨架周围,划出实木条板安装位置线。 (3)在实木条板的位置上,涂刷胶粘剂。 (4)将实木条板粘贴在骨架上,并用铁钉固定住。钉头要埋入实木条板内。 (5)木条板下料、加工应按木工操作工艺要求进行,尺寸要规格化

第三节　花饰和石膏装饰线的施工

【技能要点1】预制花饰安装

1. 施工准备

(1)材料与制品。

1)预制花饰制品有木制花蚀、水泥砂浆花饰、混凝土花饰、水磨石花饰、金属花饰、塑料花饰、石膏花饰、土烧制品花饰、石料浮雕花饰等,其品种、规格、式样按设计选用。

2)按设计的花饰品种,确定安装固定方式,选用适宜的安装辅助材料,如胶粘剂、螺栓和螺钉的品种、规格、焊接材料,贴砌的粘贴材料和固定方法。

(2)主要机具。

1)电动机具:电焊机。

2)设备及工具:预拼平台、专用夹具、吊具、安装脚手架、大小料桶、刮刀、刮板、油漆刷、水刷子、板子、橡胶锤、擦布等。

(3)作业条件。

1)安装花饰的房间和部位,其他道工序项目必须施工完毕,应具备强度的基体、基层必须达到安装花饰的要求。

2)安装花饰的固定方式,大体有粘贴法、木螺钉固定法、螺栓固定法、焊接固定法等;重型花饰的位置应在结构施工时预埋锚固件。

3)花饰制品进场或自行加工应经检查验收,材质、图式应符合设计要求。水泥、石膏制品的强度应达到设计要求,并满足硬度、刚度的要求标准。

2. 施工要点

(1)基层处理与弹线。

1)安装花饰的基体或基层表面应清理洁净、平整,要保证无灰尘、杂物及凹凸不平等现象。如遇有平整度误差过大的基面,可用手持电动机具打磨或用砂纸磨平。

2)按照设计要求的位置和尺寸,结合花饰图案,在墙、柱或顶棚上进行实测并弹出中心线、分格线或相关的安装尺寸控制线。

3)凡是采用木螺钉和螺栓进行固定的花饰,如体积较大的重型水泥砂浆、水刷石、剁斧石、木质浮雕、玻璃钢、石膏及金属花饰等,应配合土建施工,事先在基体内预埋木砖、铁件或是预留孔洞。如果是预留孔洞,其孔径一般应比螺栓等紧固件的直径大出12～16 mm,以便安装时进行填充作业,孔洞形状宜呈底部大口部小的锥形孔。弹线后,必须复核预埋件及预留孔洞的数量、位置和间距尺寸;检查预埋件是否埋设牢固;预埋件与基层表面是否突出或内陷过多。同时要清除预埋铁件的锈迹,不论木砖或铁件,均应经防腐、防锈处理。

4)在基层处理妥当后并经实测定位,一般即可正式安装花饰。但如果花饰造型复杂,其分块安装或图案拼镶要求较高并具有一定难度时,就必须按照设计及花饰制品的图案要求,并结合建筑部位的实际尺寸,进行预安装。预安装的效果经有关方面检查合格后,将饰件编号并顺序堆放。对于较复杂的花饰图案在较重要的部位安装时,宜绘制大样图,施工时将单体饰件对号排布,要保证准确无误。

5)在抹灰面上安装花饰时,应待抹灰层硬化固结后进行。安装镶贴花饰前,要浇水润湿基层。但如采用胶粘剂粘贴花饰时,应根据所采用的胶粘剂使用要求确定基层处理方法。

(2)安装方法及工艺。

花饰粘贴法安装，一般轻型花饰采用粘贴法安装。粘贴材料根据花饰材料的品种选用。

1)水泥砂浆花饰和水泥水刷石花饰，使用水泥砂浆或聚合物水泥砂浆粘贴。

2)石膏花饰宜用石膏灰或水泥浆粘贴。

3)木制花饰和塑料花饰可用胶粘剂粘贴，也可用钉固的方法。

4)金属花饰宜用螺钉固定，根据构造可选用焊接安装。

5)预制混凝土花格或浮面花饰制品，应用 1∶2 水泥砂浆砌筑，拼块的相互间用钢销子系固，并与结构连接牢固。

(3)螺钉固定法。

1)在基层薄刮水泥砂浆一道，厚度 2～3 mm。

2)水泥砂浆花饰或水刷石等类花饰的背面，用水稍加湿润，然后涂抹水泥砂浆或聚合物水泥砂浆，即将其与基层紧密贴敷。在镶贴时，注意把花饰上的预留孔眼对准预埋的木砖，然后拧上铜质、不锈钢或镀锌螺钉，要松紧适度。安装后用 1∶1 水泥砂浆或水泥素浆将螺钉孔眼及花饰与基层之间的缝隙嵌填密实，表面再用与花饰相同颜色的彩色(或单色)水泥浆或水泥砂浆修补至不留痕迹。修整时，应清除接缝周边的余浆，最后打磨光滑洁净。

3)石膏花饰的安装方法与上述相同，但其与基层的粘结宜采用石膏灰、粘结石膏材料或白水泥浆；堵塞螺钉孔及嵌补缝隙等修整修饰处理也宜采用石膏灰、嵌缝石膏腻子。用木螺钉固定时不应拧得过紧，以防止损伤石膏花饰。

4)对于钢丝网结构的吊顶或墙、柱体，其花饰的安装，除按上述做法外，对于较重型的花饰应事先有预设铜丝，安装时将其预设的铜丝与骨架主龙骨绑扎牢固。

(4)螺栓固定法。

1)通过花饰上的预留孔，把花饰穿在建筑基体的预埋螺栓上。如不设预埋，也可采用膨胀螺栓固定，但要注意选择合适粗细和长度的螺栓。

2)采用螺栓固定花饰的做法中，一般要求花饰与基层之间应保持一定间隙，而不是将花饰背面紧贴基层，通常要留有30～50 mm的缝隙，以便灌浆。这种间隙灌浆的控制方法是在花饰与基层之间放置相应厚度的垫块，然后拧紧螺母。设置垫块时应考虑支模灌浆方便，避免产生空鼓。花饰安装时，应认真检查花饰图案的完整和平直、端正，合格后，如果花饰的面积较大或安装高度较高时，还要采取临时支撑稳固措施。

3)花饰临时固定后，用石膏将底线和两侧的缝隙堵住，即用1∶(2～2.5)水泥砂浆(稠度为8～12 cm)分层灌注。每次灌浆高度约为10 cm，待其初凝后再继续灌注。在建筑立面上按照图案组合的单元，自下而上依次安装、固定和灌浆。

4)待水泥砂浆具有足够强度后，即可拆除临时支撑和模板。此时，还须将灌浆前堵缝的石膏清理掉，而后沿花饰图案周边用1∶1水泥砂浆将缝隙填塞饱满和平整，外表面采用与花饰相同颜色的砂浆嵌补，并保证不留痕迹。

5)上述采用螺栓安装并加以灌浆稳固的花饰工程，主要是针对体积较大较重型的水泥砂浆花饰、水刷石及剁斧石等花饰的墙面安装工程。对于较轻型的石膏花饰或玻璃钢花饰等采用螺栓安装时，一般不采用灌浆做法，将其用粘结材料粘贴到位后，拧紧螺栓螺母即可。

(5)胶粘剂粘贴法。

较小型、轻型细部花饰，多采用粘贴法安装。有时根据施工部位或使用要求，在以胶粘剂镶贴的同时再辅以其他固定方法，以保证安装质量及使用安全，这是花饰工程应用最普遍的安装施工方法。粘贴花饰用的胶粘剂，应按花饰的材质品种选用。对于现场自行配制的黏结材料，其配合比应由试验确定。

目前成品胶粘剂种类繁多，如前述环氧树脂类胶粘剂，可适用混凝土、玻璃、砖石、陶瓷、木材、金属等花饰及其基层的粘贴；聚异氰酸酯胶粘剂及白乳胶，可用于塑料、木质花饰与水泥类基层的粘贴；氯丁橡胶类的胶粘剂也可用于多种材质花饰的粘贴。此外还有通用型的建筑胶粘剂，如 W－I、D 型建筑胶粘剂、建筑多用胶粘剂等。选择时应明确所用胶粘剂的性能特点，按使用说明制备。花饰粘贴时，有的须采取临时支撑稳定措施，尤其是对于初粘强度不高的胶粘剂，应防止其位移或坠落。以普通砖块组成各种图案的花格墙，砌筑方法与前述砖墙体基本相同，一般采用坐浆法砌筑。砌筑前先将尺寸分配好，使排砖图案均匀对称。砌筑宜采用 1∶2 或 1∶3 水泥砂浆，操作中灰缝要控制均匀，灰浆饱满密实，砖块安放要平正，搭接长度要一致。

砌筑完成后要划缝、清扫，最后进行勾缝。拼砖花饰墙图案多样，可根据构思进行创新，以丰富民间风格的花墙艺术形式。

(6)焊接固定法安装。

大重型金属花饰采用焊接固定法安装。根据设计构造，采用临时固挂的方法后，按设计要求先找正位置，焊接点应受力均匀，焊接质量应满足设计及有关规范的要求。

(7)施工注意。

1)拆架子或搬运材料、设备及施工工具时，不得碰损花饰，注意保护完整。

2)花饰安装必须选择适当的固定方法及粘贴材料。注意胶粘剂的品种、性能，防止粘不牢，造成开粘脱落。

3)必须有用火证和设专人监护，并布置好防火器材，方可施工。

4)在油漆掺入稀释剂或快干剂时，禁止烟火，以免引起燃烧，发生火灾。

5)注意弹线和块体拼接的精确程度，防止花饰安装的平直超偏。

6)施工中及时清理施工现场，保持施工现场有秩序整洁。工程完工后应将地面和现场清理整洁。

7)施工中使用必要的脚手架，要注意地面保护，防止碰坏地面。

8)螺钉和螺栓固定花饰不可硬拧，务必使各固定点平均受力，防止花饰扭曲变形和开裂。

9)花饰安装后加强保护措施,保持已安好的花饰完好洁净,以免弄脏。

10)施工中要特别注意成品保护,刷漆。施工中防止洒漏,防止污染其他成品。

11)花饰工程完成后,应设专人看管防止摸碰和弄脏饰物。

(8)质量标准。

1)验收花饰工程应首先检查花格、花饰的外观质量。

①花格、花饰的品种、规格、颜色、图案是否与设计要求相吻合。

②花格、花饰表面是否平整,色泽是否一致,有无缺棱掉角、裂纹、翘曲、变形和污染。

③填塞水泥砂浆和石膏腻子的部位是否密实,用轻质小锤敲击检查花饰与基体结合有无空鼓。

2)固定花饰用的木砖若与砖石、混凝土接触时,应经防腐处理,所用的粘胶应安花饰的品种选用。

3)花饰安装前,应检查预埋件位置是否正确、牢固;在对基层表面清扫干净后,弹出花饰位置的中心线。

4)花饰的安装,应与预埋在结构中的锚固件连接牢固。混凝土墙板上安装花饰用的锚固件,应在墙板浇筑时埋设在内。

5)在抹灰表面上安装花饰,必须预先试拼,分块编号。

6)粘贴水泥砂浆花饰和水刷石花饰,应使用水泥砂浆或聚合物水泥砂浆,并用木螺钉固定。

7)石膏花饰宜用石膏灰和水泥浆粘贴。

8)塑料花饰和纸质花饰可用胶粘剂粘贴。

9)轻型花饰粘贴后,应用木螺钉固定。固定石膏花饰的木螺钉,不宜拧得过紧。

10)复核工地质检员所填写的质量检验评定是否真实。

11)监督检查施工进度是否与施工进度计划相一致。

12)检查施工操作的环境,如施工温度、风雨天气及工序衔接等是否符合规定要求。花饰工程施工的环境温度不低于5℃。

13)监督检查有无成品保护制度及措施。

水泥花格、预制水刷石花饰、斩假石花饰、混凝土花格以及石膏花饰等制品的质量要求应符合表3—13的花饰制品质量要求。

表3—13 花饰安装的允许偏差和检验方法

项次	项目		允许偏差(mm)		检验方法
			室内	室外	
1	条形花饰的水平度或垂直度	每米	1	2	拉线和用1 m垂直检测尺检查
		全长	3	6	
2	单独花饰中心位置偏移		10	15	拉线和用钢直尺检查

【技能要点2】表面花饰安装

1. 石膏花饰制作与安装

(1)塑制实样。

塑制实样是花饰预制的关键,塑制实样前要审查图纸,领会花饰图案的细节,塑好的实样要求在花饰安装后不存水,不易断裂,没有倒角。塑制实样一般有刻花、垛花和泥塑三种。

1)刻花。按设计图纸做成实样即可满足要求。一般采用石膏灰浆或采用木材雕刻。

2)垛花。一般用较稠的纸筋灰按设计花样轮廓垛出,用钢片或黄棉木做成的塑花板雕塑而成。由于纸筋灰的干缩率大,垛成的花样轮廓会缩小,因此,垛花时应比实样大出2%左右。

3)泥塑。用石膏灰浆或纸筋灰按设计图做成实样即可。塑料实样注意事项。

①阳模干燥后,表面应刷凡立水(或油脂)2~3遍,若阳模是泥塑的,应刷3~5遍。每次刷凡立水必须待前一次干燥后才能涂刷,否则凡立水易起皱皮,影响阳模及花饰的质量。刷凡立水的作用。其一是作为隔离层,使阳模易于在阴模中脱出;其二,在阴模中的残余水分,不致在制作阴模时蒸发,使阴模表面产生小气孔,降低阴模的质量。

②实样(阳模)做好后,在纸筋灰或石膏实样上刷3遍漆片(为

防止尚未蒸发的水分)，以使模子光滑，再抹上调和好的油(凡士林掺煤油)，用明胶制模。

(2)浇制阴模。

浇制阴模的方法有两种，一种是硬模，适用于塑造水泥砂浆、水刷石、斩假石等花饰；一种是软模，适用于塑造石膏花饰。花饰花纹复杂和过大时要分块制作，一般每块边长不超过 50 cm，边长超过 50 cm 时，模内需加钢筋网或 8 号铅丝网。

1)软模浇制。

①材料。浇制软模的常用材料为明胶，也有用石膏浇制的。

②明胶的配制。先将明胶隔水加热至 30℃，明胶开始熔化，温度达到 70℃时停止加热，并调拌均匀稍凉后即可灌注。其配合比为明胶∶水∶工业甘油为 1∶1∶0.125。

③软模的浇制方法。当实样硬化后，先刷三遍漆片，再抹上掺煤油的凡士林调和油料，然后灌注明胶。灌注要一次完成，灌注后约 8～12 h 取出实样，用明矾和碱水洗净。

④灌注成的软模，如出现花纹不清，边棱残缺、模型变样、表面不平和发毛等现象，须重新浇制。

⑤用软模浇制花饰时，每次浇制前在模子上需撒上滑石粉或涂上其他无色隔离剂。

⑥石膏花饰适用于软模制作。

2)硬模浇制。

①在实样硬化后，涂上一层稀机油或凡士林，再抹 5 mm 厚素水泥浆，待稍干收水后放好配筋，用 1∶2 水泥砂浆浇灌，也有采用细石混凝土的。

②一般模子的厚度要考虑硬模的刚度，最薄处要比花饰的最高点高出 2 cm。

③阴模浇灌后 3～5 d 倒出实样，并将阴模花纹修整清楚，用机油擦净，刷三遍漆片后备用。

④初次使用硬模时，需让硬模吸足油分。每次浇制花饰时，模

子需要涂刷掺煤油的稀机油。

⑤硬模适用于预制水泥砂浆、水刷石、斩假石等水泥石渣类花饰。

(3)花饰浇制。

1)花饰中的加固筋和锚固件的位置必须准确。加固筋可用麻丝、木板或竹片,不宜用钢筋,以免其生锈时,石膏花饰被污染而泛黄。

2)明胶阴模内应刷清油和无色纯净的润滑油各一遍,涂刷要均匀,不应刷得过厚或漏刷,要防止清油和油脂聚积在阴模的低凹处,造成烧制的石膏花饰出现细部不清晰和孔洞等缺陷。

3)将浇制好的软模放在石膏垫板上,表面涂刷隔离剂不得有遗漏,也不可使隔离剂聚积在阴模低洼处,以防花饰产生孔眼。下面平放一块稍大的板子,然后将所用的麻丝、板条、竹条均匀分布放入,随即将石膏浆倒入明胶模,灌后刮平表面。待其硬化后,用尖刀将背面划毛,使花饰安装时易与基层粘结牢固。

4)石膏浆浇注后,一般经 10～15 min 即可脱模,具体时间以手摸略有热度时为准。脱模时还应注意从何处着手起翻比较方便,又不致损坏花饰,脱模后须修理不齐之处。

5)脱模后的花饰,应平放在木板上,在花脚、花叶、花面、花角等处,如有麻洞、不齐、不清、多角、凸出不平现象,应用石膏补满,并用多式凿子雕刻清晰。

(4)石膏花饰安装。

1)按石膏花饰的型号、尺寸和安装位置,在每块石膏花饰的边缘抹好石膏腻子,然后平稳地支顶于楼板下。安装时,紧贴龙骨并用竹片或木片临时支住并加以固定,随后用镀锌木螺钉拧住固定,不宜拧得过紧,以防石膏花饰损坏。

2)视石膏腻子的凝结时间而决定拆除支架的时间,一般以 12 h拆除为宜。

3)拆除支架后,用石膏腻子将两块相邻花饰的缝填满抹平,待凝固后打磨平整。螺钉拧的孔,应用白水泥浆填嵌密实,螺钉孔用石膏修平。

4)花饰的安装,应与预埋在结构中的锚固件连接牢固。薄浮雕和高凸浮雕安装宜与镶贴饰面板、饰面砖同时进行。

5)在抹灰面上安装花饰,应待抹灰层硬化后进行。安装时应防止灰浆流坠污染墙面。

6)花饰安装后,不得有歪斜、装反和镶接处的花枝、花叶、花瓣错乱、花面不清等现象。

2. 水泥花格安装

(1)单一或多种构件拼装。

单一或多种构件的拼装流程:预排→拉线→拼装→刷面。

1)预排。先在拟定装花格部位,按构件排列形状和尺寸标定位置,然后用构件进行预排调缝。

2)拉线。调整好构件的位置后,在横向拉画线,画线应用水平尺和线锤找平找直,以保证安装后构件位置准确,表面平整,不致出现前后错动、缝隙不均等现象。

3)拼装。从下而上地将构件拼装在一起,拼装缝用(1∶2)～(1∶2.5)水泥砂浆砌筑。构件相互之间连接是在两构件的预留孔内插入钢筋销子系固,然后用水泥砂浆灌实。拼砌的花格饰件四周,应用锚固件与墙、柱或梁连接牢固。

4)刷面。拼装后的花格应刷各种涂料。水磨石花格因在制作时已用彩色石子或颜料调出装饰色,可不必刷涂。如需要刷涂时,刷涂方法同墙面。

(2)竖向混凝土组装花格。

竖向混凝土花格的组装程序:预埋件留槽→立板连接→安装花格。

1)预埋件留槽。竖向板与上下墙体或梁连接时,在上下连接点,要根据竖板间隔尺寸埋入预埋件或留凹槽。若竖向板间插入花饰,板上也应埋件或留槽。

2)立板连接。在拟安板部位将板立起,用线锤吊直,并与墙、梁上埋件或凹槽连在一起,连接节点可采用焊、拧等方法。

3)安装花格。竖板中加花格也采用焊、拧和插入凹槽的方法。焊接花格可在竖板立完固定后进行,插入凹槽的安装应与装竖板同时进行。

3. 水泥石渣花饰安装

(1)小尺寸花饰。

1)花饰背面稍浸水,涂上水泥砂浆。

2)基层上刮一层 2～3 mm 的水泥砂浆。

3)花饰上的预留孔对准预埋木砖,用镀锌螺钉固定。

4)用水泥砂浆堵螺纹孔,并用与花饰相同的材料修补。

5)砂浆凝固后,清扫干净。

(2)大尺寸花饰。

1)让埋在基层上的螺栓穿入花饰预留孔。

2)花饰与基层之间放置垫块,按设计要求保持一定间隙,以便灌浆。

3)拧紧螺母,对重量大、安装位置高的花饰搭设临时支架予以固定。

4)花饰底线和两侧缝隙用石膏堵严,用 1∶2 的水泥砂浆分层灌实。

5)砂浆凝固后拆除临时支架,清理堵缝石膏。

6)用 1∶1 水泥砂浆嵌实螺栓孔和周边缝隙,并用与花饰相同颜色的材料修整。

7)待砂浆凝固后,清扫干净。

4. 塑料、纸质花饰安装

1)根据花饰的材料与基层的特点,选配胶粘剂,通常可用聚乙酸乙烯酯或聚异氰酸酯为基础的胶粘剂。

2)用所选的胶粘剂试粘贴,强度和外观均满足要求后方可正式粘贴。

3)花饰背面均匀刷胶,待表面稍干后贴在基层上,并用力压实。

4)花饰按弹线位置就位后,及时擦拭挤出边缘的余胶。

5)安装完毕后,用塑料薄膜覆盖保护,防止表面污染。

第四章　镶贴工程季节性施工及安全措施

第一节　季节施工

【技能要点1】冬期冷做法施工

(1)在砂浆中掺入氯化钠时，要依当时气温而定，具体可参考表4—1。

表4—1　砂浆中掺入氯化钠与大气湿度的关系

项目	室外大气温度(℃)				备注
	−3～0	−6～−4	−8～−7	−14～−9	
墙面抹水泥砂浆	2	4	6	8	掺量均以百分率计
挑檐、阳台雨罩抹水泥砂浆	3	6	8	10	
贴面砖、陶瓷锦砖	2	4	6	8	

(2)氯化钠的掺入量是按砂浆中总含水量计算而得，因砂子和石灰膏中均有含水量，所以要把石灰膏和砂的含水量计算出来综合考虑。砂子的含水量可依砂的用量多少，通过试验测定出砂子的含水率。砂的含水率可依下式计算。

含水率＝(未烘干砂子质量－烘干后砂子质量)/未烘干砂子质量×100%，而再用砂子含水率乘以用量得出含水量。

石灰膏的含水量可依石灰膏的稠度与含水率的关系计算出。石灰膏的稠度与含水率的关系见4－2。

表4—2　石灰膏稠度与其含水率的关系

石灰膏稠度(cm)	含水率(%)	石灰膏稠度(cm)	含水率(%)
1	32	4	38
2	34	5	40
3	36	6	42

续上表

石灰膏稠度(cm)	含水率(%)	石灰膏稠度(cm)	含水率(%)
7	44	11	52
8	46	12	54
9	48	13	56
10	50		

(3)采用氯化钠作为化学附加剂时,应由专人配制溶液。方法是先在两个大桶中,放入20%浓度的氯化钠溶液,而在另外两个大桶放入清水。在搅拌砂浆前,把清水桶中放入适量的浓溶液,稀释成所需浓度。测定浓度时可用比重计先测定出溶液的密度,再依密度和浓度的关系及所需浓度兑出所需密度值的溶液。密度与浓度的关系可参照表4—3。

表4—3　密度与浓度的关系

浓度(%)	1	2	3	4	5	6	7
密度(kg/cm³)	1.005	1.013	1.020	1.027	1.034	1.041	1.049
浓度(%)	8	9	10	11	12	25	
密度(kg/cm³)	1.056	1.063	1.071	1.078	1.086	1.189	

(4)砂浆中漂白粉的掺入量要按比例掺入水中,先搅拌至融化后,加盖沉淀1～2 h,澄清后使用。漂白粉掺入量与温度之间关系可参见表4—4。

表4—4　氯化砂浆中漂白粉掺入量与温度的关系

大气温度(℃)	−12～−10	−15～−13	−18～−16	−21～−19	−25～−22
每100 kg水中加入的漂白粉量(kg)	9	12	15	18	21
氯化钠水溶液密度(g/cm³)	1.05	1.06	1.07	1.08	1.09

当大气温度在−25℃～−10℃之间时,对于急需的工程,可采用氯化钠砂浆进行施工。但氯化钠只可掺加在硅酸盐水泥及矿渣硅酸盐水泥中,不能掺入高铝水泥中,在大气温度低于−26℃时,不得施工。

冷作法施工时，调制砂浆的水要进行加温，但不得超过 35℃。砂浆在搅拌时，要先把水泥和砂先行掺和均匀，再加氯化钠水溶液搅拌至均匀，如果采用混合砂浆，石灰膏的用量不能超过水泥质量的一半。砂浆在使用时要具有一定的温度。砂浆的温度可依气温的变化而不同。砂浆的温度可参考表 4—5。

表 4—5 氯化砂浆的温度与大气温度的关系

室外温度(℃)	搅拌后的砂浆温度(℃)	
	无风天气	有风天气
−10～0	10	15
−20～−11	15～20	25
−25～−21	20～25	30
−26 以下时	不宜再施工	不宜再施工

冷作法抹灰时，如果基层表面有霜、雪、冰，要用热氯化钠溶液进行刷洗，某层融化后方可施工。冻结后的砂浆要待砂浆融化，搅拌均匀后方可使用。拌制的氯化砂浆要随拌随用，不可停放。抹灰完成后，不能浇水养护。

【技能要点 2】冬期热做法施工

热做法一般多用于室内抹灰，对于室外一些急需工程，而且工程量也不大时，可以通过搭设暖棚的方法进行施工。热做法施工时，环境温度要在 5 ℃以上，要把门窗事先封闭好。室内要进行采暖，采暖的方式可通过正式工程的采暖设备，如果无条件，要采用搭火炉的方法。但使用火炉时，要用烟囱，并要有通风措施，以免煤气中毒。所用的材料要进行保温和加热，如淋灰池、砂浆机处都要搭棚保温，砂子要通过蒸气或在铁盘上炒热或火炕加热。水要通过蒸气加热或大锅烧水等方法加热。运输砂浆的小车要有保温覆盖的革袋等物。房间的入口要设有棉布门帘保温。施工用的砂浆，要在正温房间及暖棚中搅拌，砂浆的使用的水要低于 80 ℃，以免水泥产生假凝现象。热做法的操作与常温下操作方法相同，但是，抹灰的基层温度要在 5 ℃以上，否则要对基层提前加温，对于结构中采用冻结法施工的砌体，需在加热解冻后方可施工。在热做法施工过程中，要有专人对室内进行测温，室内的环境温度以地面以上 50 cm 处为准。

【技能要点 3】雨期施工

雨期施工，要对所用材料进行防雨、防潮管理。水泥库房要封闭严密，顶、墙不能渗水和漏水，库房要设在地势较高的地方。水泥的进料要有计划，一次不能进料过多，要随用随进，运输和存放时不能受潮。

拌和好的砂浆要避雨运输，一般在阴雨时节施工，砂浆吸水较慢，所以要控制用水量，拌和的砂浆要比晴天拌和的砂浆稠度稍小一些。砂子的堆放场地也应在较高的地势之处，不能积水，必要时要挖好排水沟。搅拌砂浆时加水量要包括砂子所含的水量。

饰面板、块也要在室内或搭棚存放，如果经长时间雨淋后，在使用时一定要阴干直至表面水膜退去后方可使用，以免造成粘贴滑坠和粘贴不牢而空鼓。

麻刀等松散材料一定不能受潮，要保持干燥、膨松状态。

抹灰施工时，要先把屋内防水层做完后，再进行室内抹灰，在室外抹灰时，要掌握当天或近几日气象信息，有计划地进行各部的涂抹。在局部涂抹后，如果在未凝固前有降雨，需进行遮盖防雨，以免被雨水冲刷而破坏抹灰层的平整和强度。在雨季施工时，基层的浇水湿润，要掌握适度，该浇水的要浇水，浇水量要依据具体情况而定，不该浇水的一定不能浇水，而且对局部被雨水淋透之处要阴干后才能在其上涂抹砂浆，以免造成滑坠、鼓裂、脱皮等现象。要把整个雨季的施工，作一整体计划，采用相应的若干措施，做到在保证质量的前提下，进行稳步生产。

第二节　施工安全措施

【技能要点 1】抹灰工安全生产技术

1. 一般规定

(1)顶棚抹灰层与基层之间及各抹灰层之间必须粘结牢固，无脱层、空鼓。

(2)不同材料基体交接处表面的抹灰应采取防止开裂的加强措施。

(3)室内墙面、柱面和门洞的阳角做法应符合设计要求。设计无要求时,应采用1∶2水泥砂浆做暗护角,其高度不应低于2 m,每侧宽度不应小于50 mm。

(4)水泥砂浆抹灰层应在抹灰24 h后进行养护。抹灰层在凝结前,应防止快干、水冲、撞击和振动。

(5)冬期施工,抹灰时的作业面温度不宜低于5 ℃;抹灰层初凝前不得受冻。

2.主要材料质量要求

(1)抹灰用的水泥宜为硅酸盐水泥、普通硅酸盐水泥,其强度等级小应小于32.5级。

(2)不同品种不同强度等级的水泥不得混合使用。

(3)水泥应有产品合格证书。

(4)抹灰用砂子宜选用中砂,砂子使用前应过筛,不得含有杂物。

(5)抹灰用石灰膏的熟化期小应少于15 d,罩面用磨细石灰粉的熟化期不应少于3 d。

3.施工要点

(1)基层处理应符合下列规定。

①砖砌体,应清除表面杂物、尘土,抹灰前应洒水湿润。

②混凝土,表面应凿毛或在表面洒水润湿后涂刷1∶1水泥砂浆(加适量胶粘剂)。

③加气混凝土,应在湿润后边刷界面剂,边抹强度不大于M5的水泥混合砂浆。

(2)抹灰层的平均总厚度应符合设计要求。

(3)大面积抹灰前应设置标筋。抹灰应分层进行,每遍厚度宜为5～7 mm。抹石灰砂浆和水泥混合砂浆每遍厚度宜为7～9 mm。当抹灰总厚度超出35 mm时,应采取加强措施。

(4)用水泥砂浆和水泥混合砂浆抹灰时,应待前一抹灰层凝结后方可抹后一层;用石灰砂浆抹灰时,应待前一抹灰层七八成干后方可抹后一层。

(5)底层的抹灰层强度不得低于面层的抹灰层强度。

(6)水泥砂浆拌好后,应在初凝前用完,凡结硬砂浆不得继续使用。

【技能要点2】防止高处作业坠落的措施

1. 防止物体打击事故的措施

(1)进入现场的人员应戴安全帽。

(2)交叉作业通道应搭护头棚。

(3)天棚高处作业的工人应有工具袋,零件、螺栓、螺母随手放入工具袋,严禁向下抛掷物品。

(4)脚手架上放的板材要加压重物,脚手架作业的余料、废物须及时清理,以防无意碰落。

2. 防止机械伤害事故要点

(1)施工电梯的基础、安装和使用须符合生产厂商的规定,使用前应经检验合格,使用中定期检测。

(2)圆锯的传动部分应装防护罩,长度小于 50 cm、厚度大于锯片半径的木料严禁上锯,破料锯与横截锯不得混用。

(3)砂轮机应使用单向开关,砂轮须装不小于 180°的防护罩和牢固的工件托架,严禁使用不圆、有裂纹和剩余部分不足25 mm的砂轮。

(4)各种施工机械的安全防护装置必须齐全有效。

(5)经常保养机具,按规定润滑或换配件,所用刀具必须匹配,换夹具、刀具时一定要拔下电源插头。

(6)注意着装,不穿宽松服装操作电动工具,留长发者应戴工作帽,不能戴手套操作。

(7)打开机械的电源开关之前,检查调整刀具的扳手等工具是否取下,插头插入插座前先检查工具的开关是否关着。

(8)手持电动工具仍在转动时间不可随便放置。

(9)操作施工机具必须注意力集中,严禁疲劳操作。

(10)保持工作面整洁,以防因现场杂乱发生意外。

3. 防止高空坠落要点

(1)移动式操作平台应按相应规范进行设计,台面满铺木板,四周按临边作业要求设防护栏杆,并安装登高爬梯。

(2)凳上操作时,单凳只准站一人,双凳搭跳板,两凳间距不超过 2 m,只准站两人,脚手板上不准放灰桶。

(3)梯子不得缺档,不得垫高,横档间距以 30 cm 为宜。

【技能要点 3】安全用电措施

(1)在任何用电范围内,均需接受电工的管理、指导,不得违反。

(2)严禁一闸多机(或工具)用电。

(3)一切电线接头均要接触牢固,严禁随手接电,电线接头严禁裸露。

(4)一切临时电路均要在 2 m 高度以上,严禁拖地电线长度超过 5 m。

(5)任何拖地电线必须做好防水、防漏电工作。

(6)每一工作小区(分区)设一漏电保护开关。

(7)照明灯泡悬挂,严禁近人及靠近木材、电线、易燃品。

(8)一切金属外壳的机具均设地线接地。

(9)凡用电工种均须配备测电笔、胶钳等常用工具,严禁任何危险操作。

(10)手持电机工种均要求在配电箱装设额定工作电流不大于 15 mA,额定工作时间不大于 0.15 s 的漏电保护装置,电动机具应定期检验、保养。

(11)每台电动机械应有独立的开关和熔新保险,严禁一闸多机。

(12)电工须经专门培训,持操作许可证上岗,非电气操作人员不准擅动电气设施,电动机械发生故障,要找电工维修。

(13)各种电气设备均须采取接零或接地保护。单相 220 V 电气设备应有单独的保护零线或地线。严禁在同一系统中接零、接地两种混用,不准用保护接地做照明零线。

【技能要点4】脚手架安全措施

(1)脚手架每隔两层应挂设满铺安伞网,且拉结牢固。

(2)施工现场主要通道口上方也应设置安全防护棚。

(3)要经常清除堆积在脚手架上杂物,防止物落伤人。

(4)一般电线不得直接捆扎在钢管架上,必须捆扎时应加木方(板)垫,并装上绝缘子隔离。

(5)脚手架搭设后,必须经施工负责人、工长、棚工班长,共同检查验收,合格后才能使用。

(6)搭拆脚手架的专业技术工人,必须经过体格检查,合格后持证上岗操作,同时必须戴安全帽,穿防滑鞋、挂工具袋。悬空危险作业地方还必须配戴安全带,扣好安全钩,严禁酒后上岗作业。

(7)搭拆脚手架要设置警戒线,各通道口要封闭,并挂设危险标志和护栏,指派专人执勤值班。

(8)脚手架本身必须具备足够的承载能力,在施工荷载下不变形、不倾斜、不摇晃,同时脚手架的地基也必须有足够承载能力,以确保架子不致发生不均匀沉陷或倾斜。

(9)充分估计施工中可能发生的不利荷载,设计中要明确控制荷载。

【技能要点5】二次运料安全措施

(1)在施工范围内首先检查各层电梯及升降架的出入口的安全和使用情况,各出入口交接处是否牢固、稳定且详细标注,并着手加固,做出详细相关记录,整理成文交相关部门备案。

(2)落实责任制。派专人负责材料运输,每次运输材料必须有一人跟车监督。

(3)对板块或小型材料必须进行包装防止运输过程中漏出。

(4)对运输工具必须有计算书,经工程师审核并经荷载试验办理验收,报监理部门同意后才能进行运输。防止材料重量超出荷载能力。

第三节　机械使用安全技术

【技能要点1】灰浆搅拌机安全技术

(1)灰浆搅拌启动前,应检查搅拌机的传动系统、工作装置、防护设施等均应牢固、操作灵活。启动后,先经空运转,检查搅拌叶旋转方向正确,方可加料加水进行搅拌。

(2)灰浆搅拌机的搅拌喷运转中,不得用手或木棒等伸进搅拌筒内或在筒口清理灰浆。

(3)搅拌中,如发生故障不能继续运转时,应立即切断电源。将筒内灰浆倒出,进行检修排除故障。

(4)灰浆搅拌机使用完毕,应做好搅拌机内外的清洗、保养及场地的清理工作。

灰浆搅拌机简介

灰浆搅拌机是采用强制式的搅拌方式,在搅拌过程中拌筒不动,由旋转的条状叶片对砂浆用料(砂、水、水泥或石灰膏)均匀搅拌成灰浆。

按卸料方式不同,可分为两种,一种是拌筒倾翻卸料,称为倾翻卸料式灰浆搅拌机,如图4—1所示;另一种是打开拌筒底部的活门卸料,称为活门卸料式灰浆搅拌机,如图4—2所示。另外,根

图4—1　侧翻卸料式灰浆搅拌机

1—机架;2—固定销;3—支架;4—销轴

据不同需要，制成固定式与移动式两种。常用的规格有 200 L 与 325 L 两种，前一种多为倾翻卸料式，后一种多为活门卸料式。其技术性能见表 4—6。

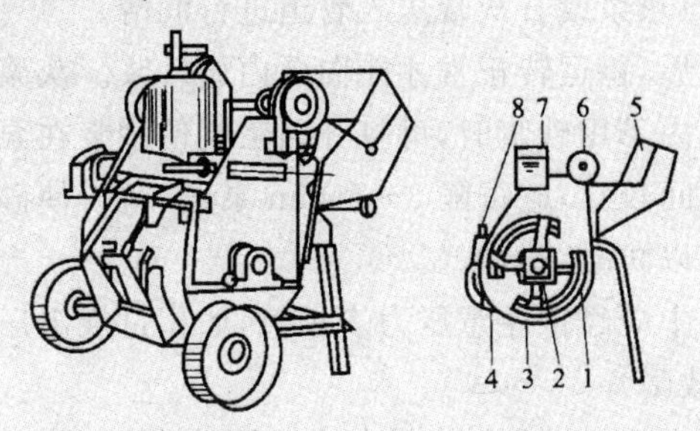

(a)搅拌机外形图　(b)搅拌机工作示意图

图 4—2　活门卸料式灰浆搅拌机

1—搅拌叶；2—放置中轴；3—拌筒；4—卸料活门；5—料斗；6—料斗升降轮；7—虹吸水箱；8—述标

表 4—6　砂浆搅拌机的技术性能

技术规格	固定式	类型		
	C—076—1 型	HJ_1—200	HJ_1—200B	HJ_1—325
工作容量(L)	200	200	200	325
拌叶转数(r/min)	25～30	25～30	34	32
搅拌时间(min/次)	1.5～2	1.5～2	2	1.5～2.5
功率(kW)	2.8/3	3	2.8	8/2.8
转速(r/min)	1450	1430	1440	1430/1451
外形尺寸(长×宽×高)(mm)	2 280×1 095(1 100)×1 000(1 170)	2 280×1 100×1 170	1 620×850×1 050	2 700×1 700×1 350
质量(kg)	600	600	560	760
生产率(m^3/h)	3	3	3	6

【技能要点 2】灰浆输送泵安全技术

(1)输送管道应有牢固的支撑，尽量减少弯管，各接头连接牢固，管道上不得加压或悬挂重物。

(2)灰浆输送使用前，应进行空运转，检查旋转方向正确，传动部分、工作装置及料斗滤网齐全可靠，方可进行作业。加料前，应先用泵将浓石灰浆或石灰膏送入管道进行润滑。

(3)启动后，待运转正常才能向泵内放砂浆。灰浆泵需连续运转，在短时间内不用砂浆时，可打开回浆阀使砂浆在泵体内循环运行，如停机时间较长，应每隔 3～5 min 泵送一次，使砂浆在管道和泵体内流动，以防凝结阻塞。

(4)工作中应经常注意压力表示值，如超过规定压力应立即查明原因排除故障。

(5)应注意检查球阀、阀座或挤压管的磨损，如发现漏浆应停机检查修复或更换后，方可继续作业。

(6)故障停机前，应打开泄浆阀使压力下降，然后排除故障。灰浆输送泵压力未降至零时，不得拆卸空气室、压力安全阀和管道。

(7)作业后，应对输送泵进行全面清洗和做好场地清理工作。

(8)灰浆联合机和喷枪必须由专人操作、管理和保养。工作前应做好安全检查。喷涂前应检查超载安全装置，喷涂时应随时观察压力表升降变化，以防超载危及安全。设备运转时不得检修。设备检修清理时，应拉闸断电，并挂牌示意或设专人看护。非检修人员不得拆卸安全装置。

灰浆输送泵简介

常用的灰浆输送泵，按其结构特征有柱塞直给式灰浆输送泵、隔膜式灰浆输送泵、灰气联合灰浆输送泵以及挤压式灰浆输送泵。

柱塞直给式、隔膜式及灰气联合灰浆输送泵等俗称“大泵”。小容量三级出量挤压泵是近年问世的灰浆输送泵，一般称作“小泵”，其特点是配套电机变换不同位置可使挤压管变换挤压次数，形成三级出灰量。

【技能要点3】空气压缩机安全技术

(1)固定式空气压缩机必须安装平稳牢固。移动或空气压缩机放置后，应保持水平，轮胎应楔紧。

(2)空气压缩机作业环境应保持清洁和干燥。储气罐需放在通风良好处，半径15 m以内不得进行焊接或热加工作业。

(3)储气罐和输气管每三年应作一次水压试验，试验压力为额定工作压力的150%。压力表和安全阀每年至少应校验一次。

(4)移动式空气压缩机施运前应检查行走装置的紧固、润滑等情况。拖行速度不超过20 km/h。

(5)空气压缩机曲轴箱内的润滑油量应在标尺规定范围内，加添润滑油的品种、标号必须符合规定。各连接部位应紧固，各运动部位及各部阀门开闭应灵活，并处于启动前的位置。冷却水必须用清洁的软水，并保持畅通。

(6)启动空气压缩机必须在无载荷状态下进行，待运转正常后，再逐步进入载荷运转。

(7)开启送气阀前，应将输气管道连接好，输气管道应保持畅通，不得扭曲。并通知有关人员后，方可送气。在出气口前不准有人工作或站立。

(8)空气压缩机运转正常后，各种仪表显示值应符合原厂说明书的要求。储气罐内最大压力不得超安全规定，安全阀应灵敏有效；进气阀、排气阀、轴承及各部件应无异响或过热现象。

(9)每工作2 h需将油水分离器、中间冷却器、后冷却器内的油水排放一次。储气罐内的油水每班必须排放一至二次。

(10)发现下列情况之一时，应立即停机检查，找出原因，待故障排除后方可作业。

①漏水、漏气、漏电或冷却水突然中断。

②压力表、温度表、电流表的显示值超过规定。

③排气压力突然升高，排气阀、安全阀失效。

④机械有异响或电动机发生强烈火花。

(11)空气压缩机运转中，如因缺水致气缸过热而停机时，不得立即添加冷水，必须待气缸体自然降温至60℃以下方可加水。

(12)电动空气压缩机运转中如遇停电，应即切断电源，待来电后重新启动。

(13)停机时，应先卸去荷载，然后分离主离合器，再停止内燃机或电动机的运转。

(14)停机后，关闭冷却水阀门，打开放气阀，放出各级冷却器和储气罐内的油水和存气。当气温低于5℃时，应将各部存水放尽，方可离去。

(15)不得用汽油或煤油清洗空气压缩机的过滤器及气缸和管道的零件，不得用燃烧方法清除管道的油污。

(16)使用压缩空气吹洗零件时，严禁将风口对准人体或其他设备。

【技能要点4】水磨石机安全技术

(1)水磨石机使用前，应仔细检查电器、开关和导线的绝缘情况，选用粗细合适的熔断丝，导线最好用绳子悬挂起来，不要随着机械的移动在地面上拖拉。还需对机械部分进行检查。磨石等工作装置必须安装牢固；螺栓、螺帽等零件必须紧固；传动件应灵活有效而不松动。磨石最好在夹爪和磨石之间垫以木楔，不要直接硬卡，以免在运转中发生松动。

(2)水磨石机使用时，应对机械进行充分润滑，先进行试运转，待转速达到正常时再放落工作部分；工作中如发生零件松脱或出现不正常声响时，应立即停机进行检查；工作部分不能松落，否则易打坏机械或伤人。

(3)长时间工作，电动机或传动部分过热时，必须停机冷却。

(4)每班工作结束后，应切断电源，将机械擦拭干净，停放在干燥处，以免电动机或电器受潮。

(5)操作水磨石机，应穿橡胶鞋或戴绝缘手套。

【技能要点5】手持电动工具安全技术

(1)手持电动工具作业前必须进行检查，达到以下要求。

①外壳、手柄应无裂缝、破损。

②保护接地(接零)连接正确、牢固可靠,电缆线及插头等应完好无损,开关操作应正常,并注意开关的操作方法。

③电气保护装置良好、可靠,机械防护装置齐全。

(2)手持电动工具启动后应空载运转,并检查工具联动应灵活无阻。

(3)手持砂轮机、角向磨光机,必须装置防护罩。操作前,用力要平稳,不得用力过猛。

(4)作业时,不得用手触摸刃具、砂轮等,如发现有磨钝、破损情况应立即停机修整或更换后再行作业。工具在运转时不得撒手。

(5)严禁超载荷使用,随时注意声响、温升,如发现异常应立即停机检查。作业时间过长,温度升高时,应停机待自然冷却后再行作业。

(6)使用冲击钻注意事项。

①钻头应顶在工件上再打钻,不得空打和顶死。

②钻孔时应避开混凝土中的钢筋。

③必须垂直地顶在工件上,不得在钻孔过程中晃动。

④使用直径在 25 mm 以上的冲击电钻时,作业场地周围应设护栏。在地面上操作应有稳固的平台。

(7)使用角向磨光机应注意砂轮的安全线速度为 80 m/min;作磨削时应使砂轮与工作面保持 15°～30°的倾斜位置,作切割时不得倾斜。

第四节　工料计算

【技能要点1】内墙抹灰计算

内墙面抹灰面积应扣除门窗洞口和空圈所占的面积,不扣除踢脚线、挂镜线、0.3 m^2 以内的孔洞和墙与构件交接处的面积;但其洞口侧壁和顶面抹灰也不增加。垛的侧面抹灰面积应并入内墙面工程量内计算。内墙面抹灰长度,以主墙间的图示净长计算,不扣除间壁所占的面积。其高度确定:不论有无踢脚线,其高度均自室内地平面或楼面至顶棚底面。

(1)内墙面抹灰面积应扣除门窗洞口和空圈所占的面积,不扣除踢脚线、挂镜线、0.3 m^2 以内的孔洞和墙与构件交接处的面积;但其洞口侧壁和顶面抹灰亦不增加。垛的侧面抹灰面积应并入内墙工程量内计算。内墙面抹灰长度,以主墙间的图示净长计算,不扣除间壁所占的面积。其高度确定:不论有无踢脚线,其高度均自室内地平面或楼面至天棚底面。

(2)石灰砂浆、混合砂浆粉刷中已包括水泥护角线,不另行计算。

(3)柱和单梁的抹灰按结构展开面积计算,柱与梁或梁与梁接头的面积不予扣除。砖墙中平墙面的混凝土柱、梁等的抹灰(包括侧壁)应并入墙面抹灰工程量内计划。凸出墙面的混凝土柱、梁面(包括侧壁)抹灰工程量应单独计算,按相应项目执行。

(4)厕所、浴室隔断抹灰工程量,按单面垂直投影面积乘以系数 2.3 计算。

【技能要点 2】外墙抹灰计算

(1)外墙面抹灰面积按外墙面的垂直投影面积计算,应扣除门窗洞口和空圈所占的面积,不扣除 0.3 m^2 以内的孔洞面积。但门窗洞口、空圈的侧壁、顶面及垛等抹灰,应按结构展开面积并入墙面抹灰中计算。外墙面不同品种砂浆抹灰,应分别计算按相应子目执行。

(2)外墙窗间墙与窗下墙均抹灰,以展开面积计算。

(3)挑檐、天沟、腰线、扶手、单独门窗套、窗台线、压顶等,均以结构尺寸展开面积计算。窗台线与腰线连接时,并入腰线内计算。

(4)外窗台抹灰长度,如设计图纸无规定时,可按窗洞口宽度两边共加 20 cm 计算。窗台展开宽度一砖墙按 36 cm 计算,每增加半砖宽则累增 12 cm。单独圈梁抹灰(包括门、窗洞口顶部)、附着在混凝土梁上的混凝土装饰线条抹灰均以展开面积以平方米计算。

(5)阳台、雨篷抹灰按水平投影面积计算。定额中已包括顶面、底面、侧面及牛腿的全部抹灰面积。阳台栏杆、栏板、垂直遮阳板抹灰另列项目计算。栏板以单面垂直投影面积乘系数2.1。

(6)水平遮阳板顶面、侧面抹灰按其水平投影面积乘系数1.5,板底面积并入天棚抹灰内计算。

(7)勾缝按墙面垂直投影面积计算,应扣除墙裙、腰线和挑檐的抹灰面积,不扣除门、窗套、零星抹灰和门、窗洞口等面积,但垛的侧面、门窗洞侧壁和顶面的面积亦不增加。

参考文献

[1] 中国建筑装饰协会培训中心. 建筑装饰装修镶贴工[M]. 北京:中国建筑工业出版社,2003.

[2] 中国建筑装饰协会培训中心. 建筑装饰装修镶贴工(初级工 中级工)[M]. 北京:中国建筑工业出版社,2003.

[3] 中国建筑装饰协会培训中心. 建筑装饰装修镶贴工(高级工技师 高级技师)[M]. 北京:中国建筑工业出版社,2003.

[4] 建设部人事教育司. 抹灰工[M]. 北京:中国建筑工业出版社,2007.

[5] 北京土木建筑学会. 抹灰工[M]. 北京:中国计划出版社,2006.

[6] 建设部人事教育司. 抹灰工(技师)[M]. 北京:中国建筑工业出版社,2005.